轻与重
FESTINA LENTE

姜丹丹 何乏笔（Fabian Heubel） 主编

什么是影响

一位法国催眠师的疗愈论

[法] 弗朗索瓦·鲁斯唐 著　陈卉 译

François Roustang

Influence

华东师范大学出版社

华东师范大学出版社六点分社　策划

主 编 的 话

1

时下距京师同文馆设立推动西学东渐之兴起已有一百五十载。百余年来，尤其是近三十年，西学移译林林总总，汗牛充栋，累积了一代又一代中国学人从西方寻找出路的理想，以至当下中国人提出问题、关注问题、思考问题的进路和理路深受各种各样的西学所规定，而由此引发的新问题也往往被归咎于西方的影响。处在21 世纪中西文化交流的新情境里，如何在译介西学时作出新的选择，又如何以新的思想姿态回应，成为我们必须重新思考的一个严峻问题。

2

自晚清以来，中国一代又一代知识分子一直面临着现代性的冲击所带来的种种尖锐的提问：传统是否构成现代化进程的障碍？在中西古今的碰撞与磨合中，重构中华文化的身份与主体性如何得以实现？"五四"新文化运动带来的"中西、古今"的对立倾向能否彻底扭转？在历经沧桑之后，当下的中国经济崛起，如何重新激发中华文化生生不息的活力？在对现代性的批判与反思中，当代西方文明形态的理想模式一再经历祛魅，西方对中国的意义已然发生结构性的改变。但问题是：以何种态度应答这一改变？

中华文化的复兴，召唤对新时代所提出的精神挑战的深刻自觉，与此同时，也需要在更广阔、更细致的层面上展开文化的互动，在更深入、更充盈的跨文化思考中重建经典，既包括对古典的历史文化资源的梳理与考察，也包含对已成为古典的"现代经典"的体认与奠定。

面对种种历史危机与社会转型，欧洲学人选择一次又一次地重新解读欧洲的经典，既谦卑地尊重历史文化的真理内涵，又有抱负地重新连结文明的精神巨链，从当代问题出发，进行批判性重建。这种重新出发和叩问的勇气，值得借鉴。

3

一只螃蟹，一只蝴蝶，铸型了古罗马皇帝奥古斯都的一枚金币图案，象征一个明君应具备的双重品质，演绎了奥古斯都的座右铭："FESTINA LENTE"（慢慢地，快进）。我们化用为"轻与重"文丛的图标，旨在传递这种悠远的隐喻：轻与重，或曰：快与慢。

轻，则快，隐喻思想灵动自由；重，则慢，象征诗意栖息大地。蝴蝶之轻灵，宛如对思想芬芳的追逐，朝圣"空气的神灵"；螃蟹之沉稳，恰似对文化土壤的立足，依托"土地的重量"。

在文艺复兴时期的人文主义那里，这种悖论演绎出一种智慧：审慎的精神与平衡的探求。思想的表达和传播，快者，易乱；慢者，易坠。故既要审慎，又求平衡。在此，可这样领会：该快时当快，坚守一种持续不断的开拓与创造；该慢时宜慢，保有一份不可或缺的耐心沉潜与深耕。用不逃避重负的态度面向传统耕耘与劳作，期待思想的轻盈转化与超越。

4

"轻与重"文丛，特别注重选择在欧洲（德法尤甚）与主流思想形态相平行的一种称作 essai（随笔）的文本。Essai 的词源有"平衡"（exagium）的涵义，也与考量、检验（examen）的精细联结在一起，且隐含"尝试"的意味。

这种文本孕育出的思想表达形态，承袭了从蒙田、帕斯卡尔到卢梭、尼采的传统，在 20 世纪，经过从本雅明到阿多诺，从柏格森到萨特、罗兰·巴特、福柯等诸位思想大师的传承，发展为一种富有活力的知性实践，形成一种求索和传达真理的风格。Essai，远不只是一种书写的风格，也成为一种思考与存在的方式。既体现思索个体的主体性与节奏，又承载历史文化的积淀与转化，融思辨与感触、考证与诠释为一炉。

选择这样的文本，意在不渲染一种思潮、不言说一套学说或理论，而是传达西方学人如何在错综复杂的问题场域提问和解析，进而透彻理解西方学人对自身历史文化的自觉，对自身文明既自信又质疑、既肯定又批判的根本所在，而这恰恰是汉语学界还需要深思的。

提供这样的思想文化资源，旨在分享西方学者深入认知与解读欧洲经典的各种方式与问题意识，引领中国读者进一步思索传统与现代、古典文化与当代处境的复杂关系，进而为汉语学界重返中国经典研究、回应西方的经典重建做好更坚实的准备，为文化之间的平等对话创造可能性的条件。

是为序。

姜丹丹（Dandan Jiang）

何乏笔（Fabian Heubel）

2012 年 7 月

目　录

导　言

为什么选择影响(influence)这个主题？从我开始做分析之日起，移情(transfert)于我就是一种既迷人又神秘的现象。我发现周围的人对那些不可思议、脱离常规的事——我与其他人都是其当事人和见证人——并未感到过分惊讶。看到移情在治疗或分析界中的作用，读了弗洛伊德的相关论著，我最终怀疑他们试图贬低或无视影响，尤其坚决否认移情和催眠(hypnose)的相似之处。这种相似之处在当时被我当成一种令人遗憾却又无法避免的现象，而我们应当尽力从中得出最不坏的结论。

这种情况一直持续到体验催眠——也许并非出于偶然，因为我那时开始关注别的疗法——之后，我在这方面的看法被颠覆为止。心理分析[①]因为众所周知的认识论断

---

①　原文为"psychanalyse"文中译作"心理分析"，下同。参见《汉德英法精神分析词典》，2006 年 7 月，上海，上海科学技术出版社。——译注

1

裂①而最终排除的这些东西,这种影响的极致、这种没有媒介的关系、这种动摇人类自由基础的恐惧,它们对我都显得像是——更确切地说——人类自由的条件。

但又怎么能料到这一突然的转变?它也许只是一个美妙的幻梦。我们文化背景中看来没有任何东西鼓励我这么做。是不是应当研究在法国出现的各种心理治疗实践?正是那些猛烈批判心理分析的人将它们当作心理分析的"杂交产物",即处于"心理分析的广泛运动"中,"或多或少地间接参照弗洛伊德的理念②"对存在的东西进行大肆批驳。证明就是弗洛伊德的理念以主宰者的身份统治着这一各个阶层均被"心理分析"踏遍的土地,禁止其他问题体系的出现。

况且,我们接触的真是"杂交产物"么?这些源自美国的疗法的确与行为主义、文化主义的学派联系在一起,但这两个流派从20世纪40年代起就与心理分析决裂,而且自此之后撇开它独立发展③。

---

① 指雅克·拉康(Jacques Lacan)思想的发展。雅克·拉康(1901—1981),法国心理分析大师。——译注

② 罗贝尔·卡斯特尔(Robert Castel),见1990年3月23日《世界报》(Le Monde)。(罗贝尔·卡斯特尔[1933—2013],法国社会学家。——译注)

③ 朱迪特·弗莱斯(Judith Fleiss),《从心理分析到家庭疗法》(De la psychanalyse à la thérapie familiale),见 Nervure(译注,法国精神病学期刊。法语"Nervure"意为"叶脉、翅脉"等),n°8,1988年11月,第10—18页。(朱迪特·弗莱斯是秉承米尔顿·艾瑞克森[Milton H. Erickson]理念的当代催眠治疗师。米尔顿·艾瑞克森[1901—1980],美国心理治疗大师,擅长医疗催眠、家庭治疗、短期策略心理治疗,被誉为"现代催眠之父"。参阅第2章注释1。——译注)

所以我们不能将它们当作"杂交产物"对待，因为即使心理分析扩大范围，它们也不是这一派系的组成部分。它们虽然不轻视弗洛伊德的理念，但却建立在有别于它的前提上，而这类前提在本质上是对可观测的结果的重视和对人际关系的关注。因此，它们或许可以教给我们某些东西，至少可以引导我们思考弗洛伊德的理念是否不可逾越，是否如同所说的那样无法绕过。

我曾经打算回顾与现代科学时代共同起步的整个心理治疗历史，回顾心理治疗的哲学诠释者历史。在我看来，弗洛伊德不过是其中的一瞬，因为抛开了心理治疗历史的基本要素，所以他对这段历史欠下了债，我们能从其著作中发现这一点。但是他依然拥有一些贡献远远不容小觑的继承人。

在这些细小发现的推动下，有些东西变得越来越清晰。举例而言，弗洛伊德所阐述的无意识（inconscient）概念看来并无必要，它提出了错综复杂的理论问题，尤其忽视对于疗愈至关重要的某些基本事实，将治疗工作朝某个理性化方向引导。究其原因则是它忽视了某个领域。由此产生了一种看法：无意识的概念——其他人会说，无意识的现实——所起的作用可以通过人类动物本能（animalité）的概念更好地实现。临床诊断、其他学科的质疑或贡献使人不得不接受这种看法。

掌握这样一个领域在原则上是不可能的，必须从多个方面对它进行研究，它必然具有与语言形成对比的无限复杂性。这一切——除了我的犹疑不定以外——都导致我在这几页中使用另外的词。这些词全都将以各自的方式承载着这种看法和这种对比：关系身体（corps relationnel，人类各种沟通的基础都在场的身体中），有生命的存在物（être vivant，既是自主的，又是他律的），感觉灵魂（âme sentante，既是个体的，又是普遍的），个体的社会身体（corps social individuel，文化和肉体的链接造就个体）等等。

用动物本能一词可能显得耸人听闻。原本可以只用生物（vivant）这个词，让人感觉好受一些。动物本能确实可能令人恼怒，因为它立刻使人想到兽性这一极度堕落的意象。然而，我们从属于生物，而动物是生物的一个特定物种；甚至应当明确地说：在动物之中，我们是哺乳纲的一部分。因此，动物或哺乳动物这些词的含义和有生命的存在物一词一样丰富。不要忘了，这种从属可使我们以独特的方式与动物区分开来，亦可使我们避免建构一种不以它为根基的人性。

如果把动物变成机器的生物学不能引起我们的兴趣，那么另一种生物学可以向我们阐明存在于我们的动物人（animal humain）状态中的宝藏。举例而言，在神经症患者——我们所有人都是——身上看来如此不确定的个性，它是我们作为动物后天获得的。细胞膜包含一种"真正的、使每个人都独

4

一无二——即使在相同物种中——的分子特征[①]",这一点如今确实成了大家的共识。

相反,当个体的自主性被激发,而个体又借助模仿来脱离它时,大家却可以看到我们的动物本能创造出特别重视差异的链接。因为这一生物学告诉我们:"胎儿和母亲单己糖神经酰胺(C. M. H.)的相似促进胚胎的排斥反应[②],反之,受精卵在母体着床的成功与否则和它们的差异程度有关"。至于性伴侣的选择,至少在鼠群中,我们观察到:"差异受到倡导,哪怕以牺牲相似为代价[③]。"

关于脾性(humeur)的作用、沟通的原理、内在平衡与行为的关系,这一生物学还告诉我们:激情(passion,"为动物或人类所经受的一切")是"存在物不可缺少的组成部分,构成其存在现实的基础",也是"存在物之间沟通的源头"。众所周知,生物要么在临近之处,要么在隔一段距离的地方活动,对外表现动物活动的行为系统与内在新陈代谢系统本质相联,

---

① 让-第迪耶 · 万桑(Jean-Didier Vincent),《卡萨诺瓦: 感染快乐》(*Casanova*, *la contagion du plaisir*),奥迪勒 · 雅各布出版社(Odile Jacob),1990年,第 163 页,注释 24。(让-第迪耶 · 万桑[1935—],法国神经精神科专家和神经生物学家。——译注)

② 组织相容性的主要综合征,它是"免疫系统对异于自我的物质进行干预的根源",同上,第 50 页,注释 13。

③ 同上。

动物具有选择的能力,具有无动机的行为,甚至可能学会学习[1]。这些正是对人类同样具有的特征!

忘记动物本能的弊端被动物行为学的现实贡献凸显出来。心理分析学家、社会学家、人种学家倾向于认为他们最终发现了人类与众不同的地方。"1949 年,列维-斯特劳斯(Lévy-Strauss[2])赋予乱伦禁忌'标明从自然向文化过渡',从动物本能向人性转变的力量。从 1987 年开始,海鸥的习性——如同大多数动物的一样——便向列维-斯特劳斯的观点提出挑战。动物之间的性选择远远不是偶然的……与近亲、同族伙伴的交配在自然界极为罕见,而人类的乱伦事件却比承认的要多得多。若要符合逻辑,就应该从中得出这样的结论:动物比人类更加开化,更有人性[3]"。因此区别并非不言而喻。动物行为学研究有时会引起心理疗法(例如早产儿治疗)的痛苦修正[4]。诚然,掌握语言使人能够克服对动物具有决定性影响的创伤,但正是动物行为学使人关注心理分析

---

[1] 让-第迪耶·万桑,《激情生物学》(*Biologie des passions*),奥迪勒·雅各布出版社,1986 年,他处同。

[2] 列维-斯特劳斯(1908—2009),法国著名人类学家。——译注

[3] 鲍里斯·西吕尔尼克(Boris Cyrulnik),《在链接的影响下》(*Sous le signe du lien*),阿歇特出版社(Hachette),1989 年,第 10 页。(鲍里斯·西吕尔尼克[1937—],法国精神科专家和心理分析学家。——译注)

[4] 同上,第 75 页下(引用部分)。

学家疏于观察的严重创伤后果。即使能够说话，我们仍然从属于哺乳动物。

当然必须强调的是，我们之所以倾听生物学或动物行为学的解释①，这并不是为了从中寻找模型或是把人简化成动物，而是因为它们与我们最难解读的体验切切相关，引导我们回想某些不为心理分析——它孤立地看待 *psychê*，不得不赋予它某种不通过 *sôma* 就无法拥有的现实②——所承认的真相。

难道为了消除动物本能不体面的味道，心理学就该试图将被认为专属人类的东西当作自己唯一的起始点？让我们看看这能带来什么。例如意识？如果认为只有意识使人类变得伟大，并且采纳它的观点，那么被它忽略的或是它无法达到的部分就只能用否定语为自己下定义：无意识本身就被按否定方式定义为不知道时间性，不知道非矛盾性的部分。此外，既然意

①　毕竟不知道生物学和动物行为学是否向动物投射人类想要调和的东西，一如心理分析向 *psychê*（译注，希腊文，意为"灵魂"或"生命精气"）投射它的唯我论和悲剧浪漫主义！

②　总对其他知识领域表露兴趣的迪迪埃·安齐厄（Didier Anzieu）看到了心理分析的基本难题之一，写出了《自我—皮肤》（*Le Moi-peau*，杜诺出版社[Dunod]，1985 年）一书。可惜他坚持弗洛伊德的思路，关注自我-皮肤在心理结构中作为幻觉——这种幻觉使人能够分析例如母婴关系的所有扭曲现象——的功能。一方面在把人简化成心理现象和把关系简化成幻觉之间，另一方面在后一种简化和对人类悲剧性境遇的放大（犹如在显微镜下）之间确有本质的关联。（*sôma* 是希腊文，意为"身体"。迪迪埃·安齐厄[1923—1999]，法国心理分析学家。——译注）

识是个体的,那么无意识也必须是个体的。弗洛伊德的学说由此陷入唯我论之中。为了找回建立人际关系的可能性,人们会想出加重困难而不是将它解决的办法。举例而言,他们会求助于认同(identification),即消除差异。如果为了反驳可能出现的反对意见而解释说:认同的增加将产生差异,那就必须承认这绕了一个奇怪的圈子:差异从何而来? 相同的东西被增加多次之后能有什么样的变化? 按照这一观点,自由永远不可能具有绝对独立以外的形态,因为各种影响都会损害它。可怜的纳西瑟斯(Narcisse①)没有淹死,却有可能成为偏执狂!

既然人是一种动物,即一种身体的心理现象(un psychique somatique②),那么下列看法并非更加明智:人也调和自己的二元性;他从一开始就是在与不同的同类、与周围世界的关系中

---

① 纳西瑟斯(亦译那喀索斯)是希腊神话中的美少年,爱上自己在水中的倒影,最终溺水身亡。——译注

② 在希腊文中,这两个单词是相似的:"*psychê* 是有生命的自我,更确切地说是欲望的自我:它承担了 *thumos*(古希腊文,意为"精神、意识和情绪"),而非 *noos*(古希腊文,意为"心智")的功能。在从这个意义上理解的 *psychê* 和 *sôma*(身体)之间没有任何本质的对立;*psychê* 只不过是 *sôma* 的心理关联词。在雅典的希腊文中,这两个词都可以表示'生命':雅典人认为 *agônizesthai peri tês psychês*(古希腊文,意为"精神冲突")或 *peri toû sômatos*(古希腊文,意为"身体冲突")是没有区别的"。陶德斯(E. R. Dodds),《希腊人和非理性》(*Les Grecs et l'irrationnel*),弗拉马里翁出版社(Flammarion),1959 年,第 142 页。(陶德斯[1893—1979],爱尔兰学者,牛津大学钦定希腊文教授[希腊文明研究最权威的教授席位]。——译注)

被个性化的;他所经受的东西奠定其存在和自由的基础;最后作为生物,一切都可在他身上循环和交换? 如果思考一个是 *sôma* 的 *psychê* 如何运转,那么理论和实践的结论将同时产生。

我们是人,我们近似人。人说话、思考和决定,一直在紧张和对其个性的不确定之间动摇。这是人类尊严的产物,也是人类痛苦的缘由之一。他难道不是苦于忘不掉支援这一摇摆不定的个性的念头? 如果假设他已经既是独特的个体,又是异类中的同类,那么治疗也许就在于让他忘掉这种念头。回归动物本能? 正是。不过同时要指出的是,为使被恢复的动物本能在遗忘状态下符合人性,首先需要的就是紧张和焦虑——这是人的标志。

同样,如果假设我们所经受的一切、我们的激情奠定了我们存在现实的基础,决定了我们如何沟通,那么问题就不仅仅在于为了让人类了解它们而使之"说话":应当将它们重新置于其原有的静默状态,使其在行动中发挥作用。心理分析做了一件大好事,如果它使它们停止说话,如果知(savoir)不再是必需的,如果在绕了一大圈以后回到更加聪明的笨办法上。

乃至动物也调和自身的二元性,一切都在它身上交流和沟通:它的行为和新陈代谢,它的流体和器官,它的讯息和传递讯息的介质。人类具有特权,能够把自己的精神和身体、意向和语言、言说和行动、感受及其表达隔离开来。他在这方面更加高级,因为他可以说谎和运用符号。但他有时会为这一点和过度的分隔——已然变成分离(séparation)——感到难受。他是不是不想再过于照顾自己的尊严?那他就必须终止隔离,为此必须留给动物生存的余地。

那些仅仅考虑心理现象,因而不得不把它变成一种现实的人,他们破坏了人类的一体性。相反,谈论动物人并不是展现一种被加入人性的动物。他完全是遵从动物本能的人,是遵从人性的动物。人是一种特殊的动物,他是一个整体,只是像一种特殊的动物那样行事。他可能无视自身的某一部分,这正是他的特点之一。他有一种令人讨厌的倾向:认为自己能飞起来,理由是他思考,而且他的思考可以达到宇宙的边界。他为自己那更加宝贵却必须抛开的特点而难受不已。他为疯狂感到自豪,因为这是他绝顶高贵的表现;但是疯狂却不可避免地使他回归动物本能:要么在寻求边界的人身上表现为对无人性的东西最痛苦的感受性(sensibilité),对非人性的东西最不可思议的感受性;要么在独裁者或施刑者的偏执狂中表现为野蛮残忍。这是他无法回避的问题。

于是,现在又要问为什么是影响,为什么是催眠?选择影响是因为它是奠定存在现实的基础和决定沟通的激情的被动性象征。选择催眠是因为它对心理学家或身体学家而言是一种体验这种被动性的手段。他把所有掌控的企图撇到一边——要么经由混乱(confusion)到达由敏锐知觉和铭记在其身体上的印象构成的世界,要么学会观察生物据以相互表达各自位置和关系状态的信号——然后学会说话,学会让自己的动物本能说话。如果动物本能应该被人性化,那么人就该先被变成动物,这一点是毫无疑问的。

为了展示心理分析和其它心理疗法如何以截然相反的方式对待"影响",我们必须从一开始就对代表它们的两位巨人弗洛伊德和米尔顿·艾瑞克森(Milton H. Erickson)进行对比:前者试图消除影响,对它予以否定;后者却把它变成一种系统的运用方法(第1和2章)。

动物具有自由,但是它在选择中也受自己行为反射和本能的引导。动物人拥有广泛得多的选择范围,他为之付出的代价是可能误入歧途。很久以来,他注意到自己的命运受到星辰、对大地具有作用力的东西、自身反差强烈的脾性的影响。他从中看到了一点:必须研究这些力量,以便了解什么是它们准许他做的。他的自由应该避开令他毁灭的选择。麦斯麦(Mesmer①)及其"动物磁气说"恢复了这一传统,企图为人

---

① 麦斯麦(1734—1815),奥地利精神科医师,以类似催眠术的动物磁气治疗法而闻名。——译注

11

类找到万灵药:让你们接通我的磁流,你们就有救了。他的哲学诠释者曼恩·德·比朗(Maine de Biran①)和黑格尔试图更有分寸地看待影响,要么——对前者而言——认为它的形式是我们与动物部分地共有的,构成人类关系的模糊印象和知觉,要么——对后者而言——借助既是个体的,又是普遍的感觉灵魂的概念来理解它(第3章)。

人类确实能够通过催眠体验变得对自己的动物本能敏感,这种催眠体验被定义成混乱,如果是推断的理智在判断它对自身的作用;或被定义成获得一种新的内在、外在知觉模式的手段;如果是生物在体验:精神的高度集中将使注意从其它对象转移到被铭记在身体中的印象上。催眠对学术观察者而言是感觉丧失(anesthésie),对亲身体验者却表现为感觉过敏(hyperesthésie)。催眠具有治疗作用,因为它恢复了被症状的隔离所阻碍的循环(第4章)。

我们也能通过微妙的行为理解人的动物本能:细微动作、面部表情、声音语调、眼神的微小差别、气味、身体颤动,它们全部是人无意识传递的讯息,决定着他在关系中的位置。这些讯息构成严格意义上的人类关系的基础,尤其将它的背景、

① 曼恩·德·比朗(1766—1824),法国哲学家,先为感觉论者,后成神智论者。——译注

意思赋予明白的语言。动物人显得能够——远远胜过其它生物——与它的参照系统不一致，从一个系统转入另一系统，甚至对它们全部提出质疑。系统治疗正是在这样的基础上得以建立的。从这个角度来说，生活要么被看作幻象、微妙讯息的总和或渐近目标；要么相反，被当成一种无限的复杂性，而我们的直观或科学观测只能提取其中的极小部分（第5章）。

现在到了解决自恋的时候。纳西瑟斯把有生命的存在物归结为镜像的再现，以为找到了一切都是重复（répétition）的证明，找到了那个呼吸的、濒临死亡的存在物能够被简化成可被从容不迫地分析和综合的机器状态的证明。当人类与自己的动物本能切断了关系，声称这样能够达到掌控自己整个存在和所有相异性（altérité）的程度时，这种状态就是人类能够造出的最极端的东西。此时，无法再知道他者是自动机械装置还是生物的焦虑出现了，这意味着生物的反抗（第6章）。

依照这样的思路，政治领域会变成什么样子？心理分析是否不仅能够解释为何服从催眠群众的独裁者，而且能够分析可用何种抵抗来反对他？只存在一种类型的催眠，那就是暂时中断严格意义上的人的能力，唤醒人类动物本能的催眠。不过，它可以被人以两种截然相反的方式运用：要么被独裁者用来将动物本能与人的能力分隔，压制动物本能，把社会和文化的链接压缩成机械、机器或自动装置的状态；要么被本身是交流者的政治家用来发挥自己的特点、活力和创造性,使他能够通过增加链接向人类开放(第7章)。

从这一切引出了心理治疗中改变的原理。改变只在关系中并通过关系发生。关系存在于人的动物本能即催眠状态的层面上,这不仅是在病人,也是在治疗师身上注定发生的事。关系症状只不过是应被重新引向流畅沟通的元素遭到隔离的结果。治疗师必须首先在自己身上接受它,参加带有症状的关系的游戏,在自己身上进行必要的改变,也就是说他为了自己,将被注定经受的东西改变成一个故事、一种自由。那时,只有在那时,他才能向病人提供一种新的、经过改变的关系,或能诱导病人成为这一关系的参与者。之所以说治疗师参加这种游戏,这是为了表示他将不断在两个层面上工作:他处于为他指定位置的被动层面和观察、思考、决定、创造的层面。病人旋即也是如此。必须持续不断地从一个层面转入另一层面,使得动物本能和人性交换它们的角色、任务,从而扩大和加强关系网络(第8章)。

不得不提的是,这篇导言就其脉络而言可能比书本身更加清晰。这是因为它是按照规矩事后写就的,因为它说的是在完成本部练手之作后本应写出来的那本书。不过,那是另一本书了,它需要的导言将又是另一部新作的前奏。

1. 心理分析的天真

对于心理分析和催眠之间可能存在的关系，吕西安·伊斯拉埃尔(Lucien Israël①)在一本将相关讨论付梓出版的书中，把前者与后者当作"恢复自由的治疗"和"使人异化的治疗"进行对比。他认为，"捍卫心理分析与暗示(suggestion)脱离关系的主张"是做得到的事，因为分析是在区别于催眠的同时被建立起来的。为了捍卫这一主张，作者并不关心细微之处。显然，对他而言，"移情永远不该在分析中被操纵，因为当移情被支配或操纵时，分析就不复存在"。重要的是通过解析(interprétation)使主体的真相降临。这种态度完全合乎逻辑，因为如果希望不必再考虑催眠和心理分析的关系问题，就必须不研究移情。此外，必须与这位作者一起，认为分析产生分析师这样的事注定失败，或者必须不再对这一点感到惊讶：费伦齐(Ferenczi②)的主动方法将分析导向催眠恍惚(transe)

---

① 吕西安·伊斯拉埃尔(1925—1996)，法国心理医生。——译注
② 费伦齐(1873—1933)，匈牙利心理分析学家。——译注

或新宣泄(néocatharsis)的边缘。

这些言论特别有意思,因为它们最直截了当地反映出在当今心理分析学界中认同度最高的某些信念。我们不再怀疑:心理分析与其它治疗技术相反,尊重病人的自由;它自始至终在实践、技术和理论上都是一项助人自由的工作;心理分析师通过不干预,甚或在必要时通过解析使自己处于解除异化的语言场中;他摆脱了所有的情感依赖关系。无论如何,"分析或某些分析中存在一部分暗示,这是我们只能感到遗憾的地方[①]"。照这样说,分析不应含有暗示。这一点对弗洛伊德可能没有那么明确,至少如果参考他的某些著作的话。但从拉康(Jacques Lacan)开辟新纪元以来,就不容许再有什么怀疑了:催眠、暗示、影响最终都回到分析附属品的行列中[②]。

[①] 《Pegasus im Joche,枷锁下的飞马,认同和异化》(Pegasus im Joche, Pégase sous le joug, identification et aliénation),见莱昂·切尔托克(Léon Chertok)、米凯尔·博尔奇-雅各布森(Mikkel Borch-Jacobsen)等的集体著作《催眠和心理分析》(Hypnose et psychanalyse),杜诺出版社,1987年,第61—68页。(莱昂·切尔托克[1911—1991],法国俄裔精神科专家,以对催眠和心身医学的研究而闻名。米凯尔·博尔奇-雅各布森[1951—],美国丹麦裔学者,华盛顿大学法语和比较文学教授。——译注)

[②] 声称业已摒弃催眠的人倒有可能是催眠的最佳运用者。关于这一点,应该读一部相当外行的小说:尚-居伊·戈丹(Jean-Guy Godin)的《雅克·拉康,里尔街5号》(Jacques Lacan, 5 rue de Lille),门槛出版社(Seuil),1990年。(尚-居伊·戈丹[1942—],法国心理分析师。——译注)

这样的确信依然不应妨碍我们重读弗洛伊德著作的某些章节,弗洛伊德对理论的兴趣从来不能消除他对体验的尊重。确实可以说,他被相互矛盾的关注点搞得无所适从,无法以单义的方式阐述他的治疗概念。事实上,他为治疗创立的理论沿着两条如此不同,以致绝不可能变得彼此相似的轴线发展。第一条轴线属于启蒙时代的思想范畴,其支柱理念是:清晰、阐明、揭示必然产生疗愈。第二条轴线则秉承浪漫主义的要素:感受、爱、黑暗力量。

　　如果重读例如《精神分析引论》(Introduction à la psychanalyse①)的最后几章,我们会看到大部分心理分析师脑海中本能浮现的、描述心理分析功效特征的语句:"意识取代无意识,无意识展现在意识中②"。弗洛伊德说:"在将无意识带入意识的同时,我们解除压抑,摆脱形成症状的条件,将病态的

---

　　① 《精神分析引论》是约定俗成的书名翻译,本书也予以保留。——译注

　　② 若干年前,我在与奥克塔夫·曼诺尼(Octave Mannoni)闲聊时问道:在他看来,什么是分析中的改变原理。他毫不犹豫地对我答道:"意识化(prise de conscience)。"只有极少数心理分析学家思考过移情和催眠的关系,承认没有移情,没有一部分暗示,就没有心理分析,他便是其中之一:"如果分析师确实什么都不该'暗示',那么同样属实的是:暗示无法被人从只能通过移情产生效果的情境中排除出去",《理论无法阻止它不适用的事实存在》(Ça n'empêche pas d'exister),门槛出版社,1982 年,第 53 页。(奥克塔夫·曼诺尼[1899—1989],法国心理分析学家和作家。——译注)

冲突转化成常态的冲突，后者必须以这样或那样的方式找到解决办法①"。这便是疗愈之所在。

不过弗洛伊德说的可不止这些。他承认，从无意识转入意识不是那么简单的，解析向病人呈现他应当意识到的内容，却遭到阻抗（résistance）的阻扰。有一些力量在阻碍病人放弃症状。那么就要进入内在冲突，此时重要的是取得病人同意：不再保持压抑，决心消除压抑。为了克服这些阻抗，必须着手进行一项漫长而艰难的工作。要完成这项任务，分析师必须借助病人康复的欲望，借助病人的理智——后者在解析的启示下找到机会表达被压抑的内容。战胜阻抗，这不过是拉长迂回（détour）的道路；为了消除症状，这条迂回之路业已经历消除压抑，即把无意识转化成意识的步骤②。所有这一切都明白易懂，符合理论的期望，产生预期的结果。

然而，事情却变得复杂了，那部美妙的技术机器，我们曾经看到它的每一个齿轮都运转得无懈可击，如今却被一颗沙砾卡住了。"我们以为分析了所有需要在治疗中考虑的驱动力（force pulsionnelle），充分据理说明了我们面对病人的情

① 《德文版全集》(G. W.), 11, 第 451 页;《英译标准版全集》(S. E.), 16, 第 435 页。(G. W. 是弗洛伊德全集德文版[Gesammelte Werke]的缩写, S. E. 是弗洛伊德全集英译标准版[Standard Edition]的缩写。——译注)

② 同上, 11, 第 454—455 页;同上, 16, 第 438 页。

境,以致它如同四则运算一般被人审视,可是突然冒出某个始料未及的元素①。"这个出人意料的新元素正是移情。它完全搅乱、扭转了所有原先可被设想成典型治疗过程的东西。

那些所谓的发现,病人对解析的接受,在生活中完成的改变,所有这一切的起因都只不过是对医生的柔情依恋。我们必须放弃预测,体验越多,我们的科学主张就越是令人羞惭不堪。这一事实已被承认,因为它普遍存在,因为它不取决于分析师的个人魅力,因为它不是暂时的,因为它阻碍回忆(remémoration),阻碍治疗继续进行。但弗洛伊德仅仅勉强、违心地(widerstrebend②)接受了这个事实,因为他看到自己的美好建构坍塌了:它可不该如此。他在前几页中还借助病人的理智在光照中改变病人的生活,现在他又承认,要达到这一目标,理智的洞察力既不够强大,也不够自由。他写道:从此之后,取代它的是原始纯粹的信仰,这种信仰甚至不需要理由,因为它是爱的延伸。

分析治疗的描述循着一条奇怪的思路推进,因为它现在又回到了起点上,本该摆脱的黑暗在此处又变得像从前一样浓重。心理分析的发现与移情的发现密不可分,不可避免地

---

① 《德文版全集》,前揭,11,第456页;《英译标准版全集》,前揭,16,第439页。

② 《德文版全集》,前揭,11,第459页。

使我们亲近催眠的信奉者。弗洛伊德写道:"伯恩海姆(Bernheim①)以一种冷静的洞察力创立了关于催眠现象的理论,他的理论基于这一主张:每个人都能以这样或那样的方式'容易地感受暗示'。他的暗示感受性(suggestibilité)只是一种移情的倾向,他对移情的理解也有点过于狭隘,以致毫无消极移情(transfert négatif)的容身之处。但伯恩海姆从来都不能说明确切意义上的暗示是什么,不能说明它是怎样发生的。暗示对他而言是一项基本事实,他无法对它的起源作出任何解释。他也没有承认'暗示感受性'对于性、里比多(libido)活动的依赖。我们必须看到,我们在自己的技术中放弃催眠也只是为了重新发现以移情形式出现的暗示②"。

不过,"催眠暗示和心理分析暗示③"之间是有区别的。伯恩海姆在抵制症状时运用暗示,而心理分析却想用暗示来克服阻抗,因为阻抗意味着存在需要消除的压抑。催眠师的直接暗示应该让位于分析师的间接暗示,即对移情力量的运用,以便帮助病人抵抗其遗忘和重复的倾向。

---

① 伯恩海姆(1840—1919),法国神经科医生,以对癔症、催眠的研究而闻名。——译注
② 《德文版全集》,前揭,11,第 464 页;《英译标准版全集》,前揭,16,第446 页。
③ 同上,11,第 468 页;同上,16,第 450 页。

显然，弗洛伊德对这样的情形感到不安，他以对话者的名义向自己提出了一系列尖锐的反对意见。如果唯一有效的因素只是暗示，那么分析方法的所有这些迂回又有何用处？甚至谁能够保证分析方法的"许多重大的心理发现"不是一种暗示——这一次不是间接的，更严重的是它"不是有意识的①"——的结果？

　　因此，弗洛伊德提出了一系列可能对其技术的独创性造成破坏并使其理论发现受到怀疑的问题。他试图在《精神分析引论》的最后一章中对这些问题作出答复。他先承认："我们的影响建立在移情，即暗示的基础上②"。但他继续排斥催眠，这首先是因为催眠不合他的脾性，其次是因为一些涉及体验内容的原因。弗洛伊德不能忍受烦闷无聊。他写道，即使催眠对于病人有效，它也是如此单调，以致将催眠师变成了操作工。此外，催眠的应用一点都不科学(这对弗洛伊德而言还是终局性的否定)，它甚至令人想到"魔法、驱邪术、魔术③"，因为它从来不研究"暗示性权威的性质和起源④"。催眠还有

---

　　①　《德文版全集》，前揭，11，第465页；《英译标准版全集》，前揭，16，第447页。
　　②　同上，11，第466页；同上，16，第448页。
　　③　同上，11，第467页；同上，16，第449页。
　　④　同上，11，第468页；同上，16，第450页。

其他的弊端。它不可靠,它是否持久、可否把握,这都视面对治疗师的病人的脾性而定;而且因为必须重复,所以它对病人的独立也构成威胁。催眠最终因为将病人置于被动状态——这种状态只需要它做些微不足道的工作——而受到指摘。治疗过程中动用的力量至少应该与它们必须克服的力量相当。

现在催眠暗示和心理分析暗示之间的区别表现在暗示的清晰程度上:前者直接抵抗症状,以便阻遏症状,因此任由病人无所改变;而后者则致力于阻抗,需要医生及病人长期艰苦地工作,由此解放、发展灵魂的生命。心理分析暗示朝着一种教育、一种"再教育(post-éducation)"的方向发挥作用。对于所有这一切,弗洛伊德只是重复和详细说明他在前文所述的分析治疗内容;关于暗示的性质和起源,他向我们提供的解释不比催眠师的更多。

不过,想到心理分析研究的正是移情本身,他看起来对自己的发现恢复了全部信心。既然暗示被归结为移情,那么分析治疗"依然一直到底都是可以预测的①",移情在我们的手中,病人不能随心所欲地自我暗示,因为我们"在他可被影响的范围内引导他的暗示"。可是这个信心又被动摇了,因为纯

---

① 《德文版全集》,前揭,11,第469页;《英译标准版全集》,前揭,16,第451页。

理性和控制的梦想总是遇到相同的反对意见:"虽然我们将移情或暗示称为我们分析的推动力,却还是存在这样的危险:对病人施加的影响使我们发现的客观正确性变得可疑①。"

弗洛伊德承认,通过暗示训导信徒是可能的,但以此改变病人的生活却是办不到的事。事实上,关键在于解决病人的冲突、克服病人的阻抗。因此必须想出新的技术手段:提供"期望的表象(représentation)",作出可随着分析——它应当持续到蒙昧、缺陷和压抑被消除为止——的进展被逐渐修正的推测。但在这么做的同时,弗洛伊德并未提出任何属于理智范畴的东西,对于这一范畴,他刚刚说过,暗示能够在其中毫无保留、毫无疑问地发挥作用。他继续说道,因此移情必须被消融(auflöst)、分解(zersetz)、去除(abgetragen),使得治疗的成功不再建立在暗示的基础上,而是基于克服阻抗的努力。这种操作要通过什么样的技术才能实现? 这个问题始终没有得到解决。

困难确实是显而易见的,因为证明心理分析发现的客观可靠性的论据仅仅建立在早发性痴呆症患者和偏执狂患者的证词基础上,这些人不容易感受暗示,却仍然提供了表现象征和幻觉——堪与神经症患者的相比拟——的说辞。

---

① 《德文版全集》,前揭,11,第470页;《英译标准版全集》,前揭,16,第452页。

因为对自己的回答不满意，所以弗洛伊德再一次重复描述治疗过程。"治疗的任务在于使里比多摆脱其脱离自我的现实附着物，令它重新为自我服务"。为此，在移情中必须改变以往引起压抑的冲突，并且"借助彼时所有可用的驱动力将其导向另一出口"。"移情就这样变成了所有对立力量汇合的战场[①]"。在这场战斗中，医生在幻想中代替了里比多的各种不实的对象。但这一一集中以往各种冲突的移情冲突又将如何解决？换而言之，里比多怎样能够离开其余对象，重新被交由经过改变的自我支配？对这些问题的回答看起来颇有新意，如果我们仅仅考虑这几个字："通过医生暗示的影响"。我们确实可以认为，医生的这一影响是一种为了改变而直接作用于病人驱动力的力量。但事实完全不是这样，对这些问题的回答也与篇首的答复并无不同，因为这种影响被归于和压缩成这一从未真正受到质疑的说法："通过将无意识转变成意识的解析工作，自我以减弱无意识为代价强大起来[②]"。医生暗示的影响产生了一种将被消除的迂回。通过移情，摆脱自我的里比多部分转而投向医生。医生将自己接收的这部分里比多转化成解析和教育（Belebrung[③]），并用这样的方式将它

① 《德文版全集》，前揭，11，第472页；《英译标准版全集》，前揭，16，第454页。

② 同上，11，第473页；同上，16，第455页。

③ 《德文版全集》，前揭，11，第473页。

还给自我。所以,解析乃是将驱动力转化成语言,从而吸收它们壮大自我的艺术。

我们看到,分析师和分析者(analysant①)从不相遇,也从未处于关系状态中。分析者使分析师处在低于他的客体位置上;分析师通过自己的理解,凭借自己施加的影响,将此客体归还分析者,使后者的自我能够控制它。那些追随弗洛伊德的心理分析学家认为,暗示或影响在最好的情况下也只是一个必要的麻烦,应该被消除。所有这一切都倾向于证明他们的说法有理。

在论述的开端,治愈的动力被置于直到彼时仍为无意识的意识生成物之中,现在它重新出现,完好无损,尽管历经曲折——移情,因而暗示至关重要的作用已在这一历程中被接受。以暗示形式呈现的移情已被确认在一段时间内是不可避免的,是集中驱动力的手段。在旅途的终点,它将被完完全全地排除出去,以便把所有的位置都让给意识的光照。

然而,将暗示简化成医生——他把驱动力转化成解析,使之被人接受——的影响,这便是此后最大困难的根源所在。举例而言,如何避免下列反对意见以各种形式再度出现:如果

① 心理分析中的病人原先被称为被分析者(analysé),拉康改为分析者,强调是病人在分析自己。——译注

暗示正是为了这一目的而被用于心理分析,那么心理分析不会变成训导,没有可能沦为纯粹的超级编码么? 最后还能认为心理分析的发现是客观的么? 保持这一客观性正是弗洛伊德念念不忘的事。他不希望自己的理论主张被当作一种在他的分析者——他们全部变成了他的弟子——当中诱生的看法。

这样的移情被定义成暗示,也就是能够影响病人的力量,能够作用于病人的力量或力量匮乏、激发病人的驱动力、只凭暗示这个力量改变这些驱动力的力量。这种移情却没有得到重视。医生如何能够成功地变成汇集各种形式的里比多的客体? 如何能够集各种驱动力于一身,从而成为里比多唯一的客体? 这些问题都悬而未决,老实说甚至尚未被提出来。

以弗洛伊德的天才、睿智和公正的理性,他不可能观察不到这样的事实:影响是存在的,暗示是存在的,总之移情是存在的。然而,他却不可能从中得出结论。在他看来,这些无意识的力量混乱、黑暗、难以捉摸,必须被重新导向意识的光照、理性、预测和科学性。他建立了一种设置,使科学排斥的和不得不——倘若它不否定自己的看法——推入外在神秘范畴的部分显露出来,但是他不能舍弃自己的学者地位。他不能放弃将自己一手创立的心理分析变成真正的科学的意图。这对我们或许是件幸事,因为他为我们指明了理解我们工作的必

28

由之路。我们有对这种观点和解释不满意的自由。因为随着心理分析理论主张的客观性重新受到怀疑，它的理论关注点也被置之不理。

让我们从重拾他的术语——特别是移情、暗示、影响——开始吧。在《精神分析引论》和其他许多著作中，它们都是混乱的源头，而且这种混乱不能被归为偶然。移情被置于某一来自分析者、被导向分析师的载体上，而影响则从分析师指向分析者，这一点是很清楚的。至于暗示，它时而与分析师，时而与分析者联系在一起，例如，说到"医生暗示的影响①"，或是当这种影响被说成"基于移情，即暗示②"时，这些术语之间的关系却不曾得到任何说明。如果考虑到暗示感受性即移情的倾向③，那么一方面可以将影响和暗示归于分析师，另一方面则可以把移情和暗示感受性归于分析者。但这样的划分并未确立。究其根本原因，就是弗洛伊德在此处不曾为了关系本身而认真思索在医生和病人之间建立的关系。影响和移情是两个交错而过却不相互触及的术语，不会有人想到其中一个是另一个的起因，或——更有甚者——想到它们只是一对

---

① 《德文版全集》，前揭，11，第473页；《英译标准版全集》，前揭，16，第455页。

② 同上，11，第466页；同上，16，第448页。

③ 同上，11，第464页；同上，16，第446页。

相互关联的术语。

　　或许可以使由这些重要术语组成的结构——读者在其他章节中也能看出相同的结构——更加紧凑，使这些术语更加连贯协调，从而提出一个总的问题。移情在本质上是一种关系，更确切地说，是一种造成相互性（réciprocité）的力量的关系。分析师之所以能够集各种形式的里比多客体于一身，是因为他本身不仅是里比多的客体，而且是可以发出力量的主体。弗洛伊德把分析师的这些力量简化为能够使人接受解析的暗示。人们可以从中非常清楚地、更加充分地看到一种力量，而影响则是它的结果；不要忘记，感知影响在本质上或者首先凭借的不是病人对分析师的解析建构的接受，而是分析师引入治疗的、可被感觉和辨认的力量。反之，如果暗示是某一个体对另一个体施加的压力的另一说法，那么毫无疑问，分析者也能够以自己的方式运用暗示。作为分析师，我们也接受影响，即分析者暗示力量的作用。这一力量连续或交替地向我们传达兴奋或抑郁、勃勃生机或沉沉死气。

　　考虑驱动力本身的作用，这难道不合乎情理？这便是我们现在能提出的总的问题。弗洛伊德偶尔强调过驱动力的重要性和作用。然而，一方面他虽然在移情中看着它们活动，但却小心翼翼地避免将它们与移情相混淆，另一方面他单单将它们归于分析者，却不能想到把它们和分析师联系起来（即使不应忘记:分析者和分析师的位置不是相似变换①的)。在分析中存在力量的关系,它们类似于对人类个体在与成人关系的系统中成长起支配作用的那些关系。正如在教育中——此处可以重拾"再教育"一词,它是弗洛伊德为了描述分析特征而提出的术语②——对个体未来最基本、最关键的东西都发生在非语言的层面,更妙的是它们在主角不知不觉中,恰好通过某些需要双方建立进攻和防御策略的力量发生。这些策略取决于双方的位置,而这些位置不断受到威胁,又不断被勉强恢复。我们知道,对于在父母与孩子之间流动的、令父母的清晰意识和洞察力在其不能掌控的未知事物中败下阵来的无意识力量,主导教育的重要原理通常都不能作出解释。我们不知道父母通过什么样的途径支配子女的命运,而且总是对他们始料未及的结果感到震惊。

因此,有一片对所有人际关系都不可或缺的土壤,它由无意识的驱动力组成——通过各种形式的动作、各种感受性与想象的表现,这些驱动力能够被觉察。所以,心理分析实践应被认为是在两个颇为不同的层面上以不相关联的方式进行

① 在数学上,相似变换是一种图形变换,它改变了图形的位置和大小,图形的形状则保持不变。——译注

② 《德文版全集》,前揭,11,第469页;《英译标准版全集》,前揭,16,第451页。

的——这两个层面就是被人熟知的语言解析层面和始终有点隐秘的力量关系层面(这些力量把人变成生物,将他与动物本能联结起来),虽然二者相互转变,但这种不同依然存在。如果我们关注安德烈·豪伊瑙尔(André Haynal)的研究[1],那么,依我之见,这正是费伦齐一直希望让弗洛伊德理解的内容。有两种技术是非用不可的:第一种是涉及解析和意识化(prise de conscience)的经典技术,第二种是例如力图引起退行(régression),或更广义地说,力图运用在移情中——其中的相互性无可回避——产生的种种体验的技术;一定要参考刚才所说的两个层面,不应试图用其中一个来遏制另一个。

心理分析的实践历史之所以对第二种技术表现出多少有点潜在、顽固的压制态度,这大概是由一些误解造成的。在天才的狂热中,费伦齐未能将无意识驱动力的关系与这些驱动力能够激起的种种感受区分开来。正因为如此,他以为让分析师本人进行明确的干预,就可以掩盖分析师的专业中立性或分析与外部现实的分裂。他劝案主表达自己的感受,而且为了分析关系的双向性,他最后甚至倡导相互分析(analyse mutuelle)。弗洛伊德对费伦齐提出了中肯的批评,因为在这条路上,他再也看不

---

[1] 《有争议的技术》(*La Technique en question*),帕约出版社(Payot),1987年。(安德烈·豪伊瑙尔[1930—　],瑞士匈牙利裔心理分析学家、精神科医生。——译注)

到激动兴奋的必要表达的边界可被置于何处，他感到分析师和分析者开始丧失各自的位置。但不得不提的是，他本人多次强调移情与爱相似，甚至表示"我们的治疗就是爱的治疗"，自恋是影响能及的极限①，所以在争论中也对阐明立场造成妨碍。不过，他早已——甚至通过他对梦的解析②——觉察到必须在想象和驱动力之间建立的关系完全不是这么一回事。

有必要在心理分析运动这一关键的时刻逗留片刻。由这位匈牙利天才打开的那扇门，它为什么又被人如此用力地关上③？

---

① 《德文版全集》，前揭，11，第 463 页；《英译标准版全集》，前揭，16，第 446 页。

② 同上，11，第 475 页；同上，16，第 446 页。

③ "费伦齐的研究或记忆最终被人与细枝末节混为一谈，这不过是真相和事实缺失的证明。他曾经是，现在依然是心理分析的核心人物——所谓核心，是指不把心理分析创始人弗洛伊德包括在内。或者相反，如果弗洛伊德是分析，那么费伦齐就是分析中的自我。在这方面，即使在他离开人世，形体消亡之后，他也依然拥有这一地位。照此理由，他在心理分析中是一个不为人知，不为人见的定值函数"，葛拉诺夫（W. Granoff），《费伦齐，伪问题或真误解》（Ferenczi：faux problem ou vrai malentendu），见《心理分析》（La Psychanalyse），n°6，《结构观点》（Perspectives structurales），1961 年，第 255—282 页。令人惊讶，或许也是意味深长的是：在 30 年来的分析运动中，这等品质的文章居然既未在理论上，也未在实践中产生任何真正的作用。只看费伦齐注释者的优柔寡断就知道了：他们极力避免重提他关于催眠和恍惚的内容，生怕提及麦斯麦的次数多过弗洛伊德。参阅——在编纂的特征点上——莱昂·切尔托克和伊莎贝尔·斯腾格（Isabelle Stengers），《心和理性——有争议的催眠：从拉瓦锡到拉康》（Le Coeur et la Raison．L'hypnose en question，de Lavoisier à Lacan），帕约出版社，1989 年，第 88 页，注释 1。（葛拉诺夫［1924—2000］，法国俄裔精神病学家、心理分析学家。伊莎贝尔·斯腾格［1949— ］，比利时哲学家。——译注）

费伦齐完全明白，被他当作"技术进步"提出的主张可能"被看成不算落后的东西[①]"。因为有一点对他而言是毋庸置疑的，那就是心理分析要有成效，就必须恢复催眠，即病人必须被置于与自由联想（association libre）现象密不可分的放松或恍惚的状态中[②]："在任何自由联想的过程中，出神（extase）和忘我都是不可避免的元素；然而，如果引导人想得更远、更深，有时便会导致——这对我是极为常见的事，让我们诚实地承认吧——出现一种程度更深的出神状态；当它看起来可以说像幻觉的时候，如果我们愿意，我们可以称它为自我催眠；我的病人乐意把它称为一种恍惚状态[③]。"

然而，费伦齐走得更远，还肯定心理分析师如果不将自己也置于这种状态——它变成了自由滑翔式注意（attention flottante）的条件——就无法有效地工作。他写道："从最初关于技术的交流开始，弗洛伊德就推荐这样一种双向的放松，但未将这一名称赋予这种过程。病人被劝导对自己的心理内容采取一种完全被动的态度。在某种程度上，他将

①　费伦齐，《全集·第四卷：1927—1933——心理分析 4》（*Psychanalyse 4, Oeuvres completes*），帕约出版社，1982 年，第 82 页。

②　该主题多次被《临床日志》（*Journal clinique*，帕约出版社，1985 年）提到。

③　《费伦齐全集——心理分析 4》，第 105 页。

此时出现的心理状态看作被催眠者的被动顺从,因为这两种状态在本质上相似。但分析师也需要'自由滑翔式注意',即与被有意识地引导的思维和追求的一定程度的分离①"。关于这一点,费伦齐必然注意到,病人与分析师的情况不应混同,因为后者即使在放松或催眠状态中,也必须"不过于远离意识的表面",因为他必须观察病人,评估被传递的内容。

费伦齐怀疑,除了语言沟通之外,在分析者和分析师之间还有另一种、不属于同一范畴的沟通。他一边责怪自己不曾提醒病人注意令他不快的方式或特点,一边却发觉这并无必要。他写道,"我此后收集的体验使我产生一种预感,那就是即使对病人表现出比我们实际体验到的还要多的友爱,也没有用处,或者没有很大用处。不引人注目、几乎难以察觉的握手时的差别,不含语调和兴趣的声音,我们关注所发生之事和对之作出反应的敏捷或迟钝程度:所有这一切,加上其他某些迹象,都让病人对我们的脾性和感受作出诸多揣测②。"

费伦齐原本可以根据下列评述建立一种真正的沟通理

---

① 《费伦齐全集——临床日志》,第138页。
② 同上,第84页。

论:"此处,当前分析体验为我们提供的唯一一根稻草就是我所提出的——如果我记得不错的话①——无意识对话(dialogue des inconcients)的概念。我那时说,当两人第一次相遇时,既有有意识的,又有无意识的情感活动交流发生。只有分析才能确定这两人心中为何——他们自己也无法解释原因——生出好感和反感。归根结底我想说的是,当两人交谈时,对话实际上不仅涉及意识,而且涉及两个无意识。换而言之,在吸引注意的交谈的旁侧或同时,有一种放松的对话展开了②"。只需把这一描述扩展到所有对话上,将情感和所有难以觉察的表现——除非连变得敏锐的感受性都觉察不到它们——都考虑在内,就足以建立一种新的沟通理论。

这类观察在费伦齐的作品中并不鲜见③,他原本可以从中得出结论。如果诉诸知性(intellect),要么不可能,要么没用处④。如果我们的脾性是通过我们无法控制的途径传达

---

① 事实上,在他之前,弗洛伊德已在《就心理分析治疗对医生的建议》(*Conseils aux médecins sur le traitement psychanalystique*)中探讨过这一内容,该文于 1912 年发表,见《德文版全集》,8,第 375—387 页。费伦齐在 1915 年的一篇文章中提出"无意识对话"的概念,见《心理分析 2》(*Psychanalyse 2*),帕约出版社,巴黎,1970 年,第 170 页。
② 《费伦齐全集——临床日志》,第 138—139 页。
③ 例如《费伦齐全集——心理分析 4》,第 129 页。
④ 《费伦齐全集——临床日志》,第 105 页。

的,那又为何必须就我们的思想和感受对病人进行明白的沟通?这正是费伦齐连同他所说的"相互分析"一起提出的内容。他本人强调过这一方法的限制和危险,但未真正地放弃它。那些不试图相互分析的人甚至被他指责为虚伪。换而言之,他仍然不断重申:必须将治疗可能引起的所有现象都置于意识的光照下。

此处,那些坚持认为费伦齐前后不一致的主观理由(例如他的爱与被爱的需要、治疗与被治疗的内在强迫力量[compulsion]、对善或流露真情的功效的信念等)对我们并不重要。一方面他拥有探索者的力量和洞察力,另一方面他将探索概念化的能力存有缺陷,这二者之间的矛盾是显而易见的。他严厉批评弗洛伊德的观点,指责后者不关心治疗和过度理智化[1],但是他相信意识化的效果,要求自己表达内心状态,解释各种情感,实行被教导的经典解析,因此他不断地重拾被自己摒弃的东西。

假如他能够独立发展,或许有办法解开弗洛伊德技术中的死结。他已经看到——因为这是他的病人在体验中迫使他接受的[2]——催眠是一种超越时空的状态,因此成为链接的

---

① 《费伦齐全集——临床日志》,第113页和第148页。
② 同上,第80页。

开端。他本可推断出这正是所有沟通的基础,而不是常把它贬成不值一提的思想传输。可他又怎能想到这种思想传输是另一种性质广泛得多、丰富得多的过程的简浅表现?与弗洛伊德的亲密关系使他最终不得不只把功夫花在——尽管有人否认——明确的、可以正式标明的表象上。他试图把这种明白的沟通扩大到感受的范畴,但这不过是徒劳之举,结果只是造成了更多的混淆。费伦齐之所以后继无人——他本该有继承人——是因为他希望好歹保住弗洛伊德的学说,或在这位老师兼朋友的直系传承中为自己保留一席之地。他不能断然采取行动,以自己的力量创立一种符合其最天才的直觉的技术。

心理分析的技术难题原本可以觅得另一条出路。与费伦齐一样,弗洛伊德曾经把病人和分析师的无意识沟通比作通过电话线传递的声波①。可惜这一评论后来未被重提和展开。而且这种沟通立即被弗洛伊德用来重建病人的无意识;分析师的无意识不过是纯粹的被动中介,毫无独特个性可言。分析的传统确已大大发展了反移情(contre-transfert)的概念,但又往往过度拘泥于分析师心中萦绕的感受。在这种可被称为从无意识到无意识的沟通的过程中,值得强调的并非它是

①　参阅《全集——就心理分析治疗对医生的建议》。

理智或情感讯息的传递所在，而是它是一种力量、一种暗示、一种影响，它将分析师置于某种关系的位置上。此外，当费伦齐看到病人在自己的帮助下重现童年体验的情境时，他对这一点也有很好的领悟①。

从此以后，我们不得不在费伦齐认为对说明分析必不可少的两种技术之间做出抉择。要么前文所述的内容还有一些道理，那么在这种情况下应当得出结论：移情（不再作为分析者对分析师的强烈情感依恋，而是作为相互的关系）构成了治疗的本质、基础和手段；要么必须证明解析在什么地方，为什么足以引起改变。关于后一点，心理分析学家谨慎到了近乎守口如瓶的地步。弗洛伊德无论在这方面如何摇摆不定，还是率先承认了他的技术难题②。难道他不曾强调回忆的限度？难道他不曾为了克服分析中的重复而提出晦涩的术语"修通（perlaboration）"，尽管未曾详述其内涵？他曾于1915—1917年对必要的暗示做过思考，以使解析被人接受，可他在1937年不是又被迫承认：那些深信其建构有效的分析

① 举例而言，《费伦齐全集——临床日志》，第44页。
② 莫里斯·达扬（Maurice Dayan）在《弗洛伊德研究》（*Études freudiennes*），n°29，1987年4月，第7—25页《他物的意识生成物》（Le devenir-conscient de l'autre-chose）一文中提供了一个非常好的例子，说明心理分析学家若想留在弗洛伊德的问题体系内并兼顾基本的临床要求，就必须借助于微妙难察之物。（莫里斯·达扬，法国当代心理分析师。——译注）

师"非常频繁地"[①]引起过分记忆（hypermnésie）和幻觉？至于拉康，他屡屡告诫我们要对理解小心[②]；而他整个关于能指（signifiant）的理论——正如他借助无意义（non-sens）或意指（signification）缺失不费力地表明的那样——只是一种迂回地克服理智沟通的死结，即做到真正说出有关内容的方法。拉康提出的解决方案是一种有意颠倒问题的办法：一切进行得犹如他想将次语言关系的所有特征注入语言一般。这项超现实主义的工作产生了一个巨大的概念怪胎，那就是与所指（signifié）脱离关系的能指，它的踪迹在语言世界中一直难以寻觅[③]。

在我看来，不仅这两种技术——一种倾向解析，另一种倾向体验——之间存在矛盾（正如费伦齐也注意到的），而且在效率的考量和科学的计划之间也存在矛盾。在弗洛伊德著作中如此，在心理分析运动史上亦然。谁都不想放弃这些矛盾的任何一方，但是强调其中一方必然或多或少地直接导致另一方被削弱。如果首先考虑痊愈的意向，关注

---

① 《德文版全集》，前揭，16，第53页；《英译标准版本》，前揭，23，第265页。

② 《拉康文集》(*Écrits*)，门槛出版社，1966年，第471页。

③ 参阅奥克塔夫·曼诺尼的《弗洛伊德的假设》(*Fictions freudiennes*，门槛出版社，1978年)《伊索尔和安纳克萨哥拉》(Isaure et Anaxagore)一章。

改变的过程，那就必须在隐晦、变形的移情关系中寻找方向标。因为这种关系首先是无意识的，所以永远只能期待部分的整合（élaboration）。它始终不完全可靠，始终可能变成它的对立面，它带来的一线光明也是如此摇曳不定，以致随时可能消失。反之，将心理分析变成科学的意图又导致为它本身发展出了一套理论假设。这会使人受到强烈的诱惑，不再致力于了解概念上的突飞猛进是否符合实践中的某些事实，抑或这更加不知不觉地诱使人将实践关入预制的概念笼子中。

我们应该略作回顾，思考改变的决定因素是否最终在于这一事实：分析师觉察到自己被分析者置于何种位置，因此将之意识化。单单这种意识化是不够的；只有成为分析师内在改变的先决条件，换而言之，只有分析师决定从他所陷人的、对重复关系创伤必不可少的催眠状态中醒来，它才是有效的。决定一词被弗洛伊德用来形容病人从病态到痊愈的转变①，而这一转变是在医生的帮助下实现的。病态和痊愈对病人而言就是一个决定的结果。如果我们不再认为二者之间的转化要借助医生的解释才能实现，那就只能这样理解：分析者决定

① 《德文版全集》，前揭，11，第 455 页；《英译标准版本》，前揭，16，第 438 页。

放弃病态,其前提必须是分析师决定不再成为分析者影响下的牺牲品。因此,我们不是处于理解的范畴中,而是处于行动的范畴中,即使行动极其隐秘。

心理分析文献几乎没有花多少笔墨来描述这一至关重要的时刻,只是肯定必须遵从毫无保留地说出一切的基本原则。在解析的辅助下,所谓自由的联想应当足以产生期望的改变。在弗洛伊德的时代,分析是短期的,大家还能认为治疗的时长不足以激发病人决定的力量,认为即使病人在分析中必须暂时不做各类重要决定,也不会在日后失去决定的能力。今日的情形却大为不同,持续数年的分析有可能造成被动的状态——而我们却指望遵照分析理论找到这一状态所有问题的解决之道。

前述内容促使我们提出一个基本问题,它有可能令我们远离弗洛伊德的人类学:为什么必须避免产生影响?为什么分析者受到影响是如此严重的事?这个不惜任何代价都应当尊重的自由是什么?它必须抵御什么危险?弗洛伊德的回避是害怕泄露什么秘密?毫无疑问,弗洛伊德及其身后的许多分析师向来仅仅从绝对独立的意义上看待自由。如果有产生影响的外界,尤其如果这个外界极端隐秘,那么这种自由只能持续一时。自我必须恢复掌控和自主。暗示可以是心理分析治疗的一部分,这种想法是如此令人难以忍受,以致分析师倾向于留在短暂意识丧失(absence)的范畴内。这并不是昨日才有的现象。费伦齐写道,"分析师的理想乃是这样的情形:无须通过分析将任何东西传给病人,分析师既不通过社会和个人的帮助,也不通过情感需要的满足来对外部关系和内部关系进行任何改变和改善。自发现分析情境中的移情元素以来,现代心理分析的确强调了非理智的情感因素在分析中的重要作用,甚至终于观察到:只有移情和解除对移情的阻抗才可能产生真正的意识化,才可能由此掌控无意识。尽管如此,所有这些情感因素在分析中都被当作没有意识的间隙,最终必须被完全消除;最后,心理分析赋予病人的正是自我的理解和掌控①。"

　　万一自由的前提必须是经历、毫无保留地接受和穿越各种影响,从而随同自我从中汲取各种资源呢? 万一自由只是不属于单独个体的时间性中的某一刻,抑或只是单独个体自我建构最需要的空间中的某一点呢? 不过,要思考诸如此类的问题,就必须放弃 *psychê* 的一元概念,不再把独立看作事情的真相;而且,相反地,必须认为我们就在许多关系中并仰赖这些关系出生、生活、死亡,而这些构成我们特征的关系应该不断地产生和恢复,使我们的存在成为可能。自由把影响作

---

① 《费伦齐全集——临床日志》,第104页。

为条件,因为它只不过认为影响是自造的。弗洛伊德也许创造了某种治疗的情境,但是他的人类学不允许、不能够,也阻扰他人对这种情境进行思考,还宣称不应该对它进行思考。

2. 艾瑞克森的操纵

1990 年人才辈出的维也纳与 20 世纪初威斯康星州的普通农场之间的差异能有多大，西格蒙德·弗洛伊德和米尔顿·艾瑞克森之间的差异就有多大①。必须想象一下，一开始著书论述的是家畜、植物，或许还有"橡树和山毛榉②"，这

---

① 米尔顿·艾瑞克森于 1901 年出生在内华达州。几年后，他的父母在威斯康星州买下一个农场并在此处定居。他是色盲，患有阅读障碍症，不能辨别音调。17 岁时，他又染上了脊髓灰质炎（小儿麻痹症）。正是这些残障使他得以创建他的重新学习和催眠技术。他在威斯康星大学完成医学学业，在科罗拉多州精神病医院接受专业训练，随后在罗得岛州立医院担任精神科医生，又在马萨诸塞和密歇根州负责多个学院和临床工作。1948 年，他因健康原因定居凤凰城（亚利桑那州），并开设了一家私人诊所。只有到 1973 年，他才因杰·海利（J. Haley）出版《不寻常的治疗》（*Uncommon Therapy*）一书而广为人知。1980 年，他在凤凰城逝世。在那些最著名的人物中，奥尔德斯·赫胥黎（A. Huxley）、玛格丽特·米德（M. Mead）、格雷戈里·贝特森（G. Bateson）都曾与他一起工作。（杰·海利[1923—2007]，当代美国著名心理学家、策略派家庭治疗代表人物。奥尔德斯·赫胥黎[1894—1963]，英国著名作家。玛格丽特·米德[1901—1978]，美国著名人类学家。格雷戈里·贝特森[1904—1980]，英国人类学家、社会科学家、语言学家、视觉人类学家、符号学家和控制论学者。——译注）

② *Nullos libros, nisi quercus et fagos*（译注，拉丁文，意为"没有书，除了橡树和山毛榉"），这正是圣贝尔纳（Saint Bernard）对他的修道士的期望。（圣贝尔纳[1090 或 1091—1153]，法国修道士、宗教改革者。——译注）

样一个人怎么能被诸如施尼茨勒(Schnitzler①)、穆齐尔(Musil②)、勋伯格(Schoenberg③)、维特根斯坦(Wittgenstein④)、克劳斯(Kraus⑤)之类的人物接纳。他可能被当作一个没有文化的外国人,被看成那种天真务实、不能品味另一个精致考究到令人腐化的世界——它的辉煌业已结束——的美国佬之一。对他而言,他已完全做好了被打发回乡下的准备,以便天天研究那些决定人类生活、复杂到接近知识极限的微妙问题。

时至今日,这种情况几乎没有改变。米尔顿·艾瑞克森的工作和著作虽然开始为欧洲所知,却仍被局限在心理治疗实践的某些狭小范围内,远远不曾在其文化中占据一席之地⑥。令人吃惊的是,甚至美国的心理分析界也仍旧不了解它们。但这并不让我们惊讶,因为艾瑞克森从未打算提出理

---

① 施尼茨勒(1862—1931),奥地利著名作家。——译注
② 穆齐尔(1880—1942),奥地利著名作家。——译注
③ 勋伯格(1874—1951),奥地利著名作曲家、画家、作家。——译注
④ 维特根斯坦(1889—1951),奥地利裔英国著名哲学家、数理逻辑学家。——译注
⑤ 克劳斯(1874—1936),奥地利著名作家、记者。——译注
⑥ 人们经常忘记,他让帕罗奥图(Palo Alto)学派受益匪浅。后者仅仅朝着某些方向从他的发现作出推论。(帕罗奥图学派指 20 世纪 50、60 年代聚集在美国加利福尼亚州帕罗奥图市精神研究中心,以格雷戈里·贝特森和唐·杰克逊[Don Jackson]为首的不同学科的学者,尤以对沟通的研究而著称。唐·杰克逊[1920—1968],美国精神科专家,以对家庭治疗的研究而闻名。——译注)

48

论阐释自己的实践。对大西洋此岸或彼岸那些已将我们的模式内化的人来说，倘若某项实践未曾获得理论上的说明，倘若——在更好的情况下——理论没有先于某项实践出现，那么这类实践就很少有机会被认真对待。

问题不在于知道艾瑞克森是否有能力提出一套思想体系来阐释他所用的技术，而在于理解他不提出的原因是这种做法与其追求相悖。改变以病人身份出现在他面前的个体，这才是他实际上感兴趣的事。在他看来，每一个体都是独一无二的，若要诱导个体进行改变，就不能套用对他人有效的方法。只有当治疗师成功地发现什么在此刻适合此人时，治疗才存在。由此可见，任何重复推广都没有价值。重复推广甚至是有害的，因为它让人不必为每一个体创造途径，使其可能据之选择新的方向。

但若将这种对理论的不信任推向极端，那只能导致传授完全无法实行，心理治疗著作成为动因始终不明的奇闻轶事集。虽然确有可能从艾瑞克森对我们讲述的工作中分析出某些原理，但是他的作品在最低限度上也读来令人困惑。它们只提供了一系列乍看之下不知如何复制的体验。在敬佩治疗师的天才、勇气或计策之余，读者却非常想合上书，因为显然这一切都无法效仿。当每位病人都被他当作必须为之找到改变途径的独特个案时，他本人也成了"一名不寻常的治疗师①";人们固然赞赏他,但这就像是对一位手法保密的魔术师的赞赏。

　　一个从来不想根据自身实践建立理论的人,他若是反对培养弟子,反对创立本能以保存和延续其成就为己任的门派,这也绝非偶然。他是独一无二的,就和他的每位病人一样。

---

① 对法国读者而言,杰·海利的《不寻常的治疗:米尔顿·艾瑞克森》(*Un thérapeute hors du commun: Milton H. Erickson*)一书(德克雷·德·布劳沃出版社[Desclée de Brouwer],1984年;艾比出版社[Epi],1987年再版)为艾瑞克森的工作提供了必要而详尽的说明。亦可参考:米尔顿·艾瑞克森的《医疗催眠四讲座》(*L'Hypnose thérapeutique. Quatre Conférences* ,法国社会出版社[E.S.F.],1986)、马拉雷维茨(*Jacques-Antoine Malarewicz*)和尚-居伊·戈丹的《米尔顿·艾瑞克森:从临床催眠到策略心理治疗》(*Milton H. Erickson. De l'hypnose Clinique à la psychothérapie stratégique* ,法国社会出版社,1986)、马拉雷维茨的《治疗的策略,抑或没有米尔顿·艾瑞克森催眠的催眠》(*La stratégie en thérapie, ou l'hypnose sans hypnose de Milton H. Erickson* ,法国社会出版社,1988)、史德奈·罗森(Sydney Rosen)整理注释的《催眠之声伴随你——艾瑞克森故事经典》(*Ma voix t'accompagnera, Milton H. Erickson raconte* ,人和团体出版社[Hommes et groupes éditeurs],1986)、杰弗瑞·萨德(Jeffrey K. Zeig)的《艾瑞克森的技术》(*La Technique d'Erickson* ,人和团体出版社,1988)。英语文献也非常之多。我们只举出恩内斯特·L.·罗西(Ernest L. Rossi)编辑的《米尔顿·艾瑞克森文集》(*The collected Papers of Milton H. Erickson* ,欧文顿出版社[Irvington Publishers],1980)第1部、第2部、第3部、第4部。(马拉雷维茨,法国当代精神科医生、催眠治疗师。史德奈·罗森,美国当代精神科医生、心理分析学家,纽约艾瑞克森心理治疗和催眠学会的创始人和主席。杰弗瑞·萨德[1947—　],美国心理治疗师、作家、导师,米尔顿·艾瑞克森基金会会长。恩内斯特·L.·罗西[1933—　],秉承米尔顿·艾瑞克森理念的美国心理治疗师、心理分析学家、作家和导师,尤以对心身医学的研究而闻名。——译注)

因此,那些要求他将自己培养成治疗师的人,他们本身也应该是独特、唯一、无法模仿的,因为他们的工作只有在一个前提下才能完成,那就是他们发挥自己的学习、改变和创造能力,采用自己的感受和思考方式,运用自己的经历和界限。

没有理论,没有弟子,没有门派。这个稀罕的家伙到底是什么样的?他看起来未受任何形式的权力吸引。我们是不是对着一个美国制造的苏格拉底,他只是让每个人都不怀疑本身已有的能力?是的,也许吧,因为他不停地重申:治疗师主要应当关注的是发现或者——更好的是——使病人发现不为自己所知,却容许自己发生改变的资源。不过,也许就像苏格拉底一样,他所倡导的尊重的极端形式表现为最巧妙的操纵。防止影响这种事显然同他无关。他把影响翻倍,甚或把影响的力量推向顶峰。

在弗洛伊德时代的催眠师那里,重要的是使病人进入催眠状态,暗示他们放弃症状。人们可以抗议未受尊重,因为他们随着催眠状态陷入被动,因为催眠师可以随心所欲地支配他们,在他们身上进行他认为是良性的操作。照此理由,催眠师犹如专制暴君,对变成自动机械装置的臣民行使自由决定权。艾瑞克森不仅运用这种遭人非议的方法,还以满肚子的坏水使病人相信自己未被催眠、行动自由,尽管后者只是上了治疗师的当,也就是落入了一个名副其实的圈套,在某种意想不到的策略的驱使下行事。为此,艾瑞克森不需要引起明晰可辨的恍惚状态——因为抗拒的人肯定很快会起疑心。这确实是绝顶巧妙的计谋。他转移了病人的阻抗,所采取的手段是对病人施行催眠,却不采用正式的催眠形式,由此取得病人的同意,却不必征求后者同意。

下面的例子就展现了"艾瑞克森如何设法让一位到彼时为止一直不愿合作的丈夫下定决心'主动'与妻子同时接受治疗。每当这位丈夫拒绝参加治疗,艾瑞克森就与他的妻子单独见面。在每次面谈中,他都会提一件他知道这位丈夫不会赞同的事,并且说:'我想您的丈夫会同意'或者'我不确定您的丈夫是否理解'。从妻子那里得知医生对自己有误解、唱反调后,这位丈夫便打算运用自己的自由意志,坚持要求太太为他约一次面谈,向艾瑞克森说明情况——在他这么做的同时,治疗的时机也就成熟了[1]"。在这一案例中,这位丈夫完全被操纵了,也就是说他被置于一种无法抗拒的状态中,这怎么不能肯定呢? 间接催眠在此处——艾瑞克森随同其他心理学家为它取名[2]为一种哄骗,而且因为这位遭人摆布的丈夫还相信自己彰显了主动性和自由,所以这种

---

[1]　杰·海利,《全集》(o.c.),第38页。

[2]　这是伯恩海姆用过的术语,又为弗洛伊德所用。

哄骗就更加令人愤慨。

这种不容置辩的评价或许需要稍加修正。因为如果间接催眠是一项策略，旨在使另一个体最终完成他一开始不愿做的事情，难道它就不能被看作人群中的普遍现象？艾瑞克森用一个很有意思的小故事向我们作出证明：

若干时日之前，我在芝加哥中途机场候机，一位年轻的母亲——依我所见约有 28 岁——领着年方 2 岁、蹒跚学步的小女儿也来到机场。她们坐到我附近的长椅上——这条长椅相当长。小女孩有点烦躁不安。疲惫的母亲打开随身携带的报纸开始阅读。小女孩站了起来，沿着长椅走动。我除了候机之外没有任何其他事可做，就观察起了这个小女孩。走到长椅的尽头时，她看了看那里的一个玩具柜台，转身瞅了瞅妈妈，见她在看报，又转回身瞧玩具；她只是看了又看，经过仿佛很长时间的思索之后，她回到母亲身边，开始蹦跳。母亲对她说："安静！"于是孩子跳下椅子，四处跑动。母亲将她抱回椅上说："安静地坐好！"小家伙站了起来，看看玩具柜台，看看妈妈，飞快地来回跑动。母亲对她说："停下！坐好！躺下！睡下！休息！不要烦我！"（你们知道，母亲有时就是这样的。）

好,孩子答应躺下歇息片刻,随后又跃起,跳下去看玩具是否还在原处;她瞧了瞧妈妈,接着又开始跑动。最后,母亲对她说:"你要是想动,我就给你机会!"于是这个孩子拉着妈妈的手,把她带到非常靠近玩具的地方,碰巧似地停在玩具柜台前。母亲看了一下说:"说不定这里有东西能让你变乖!"我认为,这是我亲眼所见的间接催眠技术最佳例证之一。

但又是谁把这种技术教给这个孩子的? 她是怎么知道的? 孩子更确切地说是一个原始人,对成人所做之事的反应不掺杂任何心机。就这样,这个 2 岁的孩子凭借幼儿的全部智慧,不依靠社会习俗强加的假学习(faux apprentissage)所造成的复杂心思,而是按照自己的理解做出反应:"我要这个玩具,妈妈总说不行,说不定最好的办法就是去烦她,并给她一个让我安静的法子。"我不认为孩子会对这一切有清晰的思考。在观察这一连串场景时,我也寻思这孩子究竟是怎么获得玩具的。我认为——那时是作为成年人——孩子只是拉着妈妈,把她带到那里罢了。然而,孩子比我聪明得多——她懂得恰当的技术[1]!

① 米尔顿·艾瑞克森,《全集——医疗催眠》(*L'Hypnose thérapeutique*, *o.c.*),第 20 页。

如果这次细致入微的观察确凿无误，我们就该思考为什么这个小女孩所用的策略被看作"间接催眠技术"？这几个字在这样的情况下获得非常广泛的意义，而催眠则显得像是世界上最普遍——甚至超过常识——的东西。不管怎样，艾瑞克森就是这样理解这几个字的。在他的作品中，他确实总将表现为睡眠、麻痹或暗示感受性的严格意义上的催眠状态与当事人在不知不觉中产生的所有动作、思想、感受或印象联系在一起。正式催眠不过是显示所有人际关系特征的普遍现象中，为了治疗需要而被人为地诱导、隔离出来的特定情况。如果朝着这一方向深入，那连问题都要倒过来了：不是试图用催眠解释无意识的动作、思想和感受，而是根据人身上无意识发生的东西理解催眠。在降低或丧失意识阈限的同时，催眠亦使我们所有行为中未被注意的无意识部分显露出来。它只是这些细微知觉的放大镜。这些知觉往往被我们忽略，甚至必须被我们忽略，为的是使我们能够生存。

肯定有人会提出严厉的反对意见。小孩子的花招和治疗师的计策岂可同日而语？需要互相影响的个体在不知不觉中本能地想出的天真伎俩，治疗师以世上最清醒、最有意识的方式设计出来的、让病人完成原来不怎么情愿做的事的策略，二者岂能相提并论？大家会疑惑它们的效力来自何处，因为它们必须以对话者的无意识为前提;就算撇开这一点不谈,难道清晰的意识和科学不会把它们描绘成怪胎么? 催眠是最常见的现象,人人都以各自方式用它来支配、驯服、吸引他人,这可被看作是生来注定的事。我们能做什么来抗拒注定的命运呢? 但又怎样解释催眠变成了一种方法,而且是一种治疗方法? 越能容许人按本能行事(即使这种做法遭人非议),变成理性工作的东西就越是只会惹人反感。艾瑞克森不曾从理论上解释这些问题,但如果我们再听他说几分钟,困难也许会减少一些。

对他而言,"催眠恍惚是发生在病人身上的某种东西。是一个行为过程,病人在这个过程中改变他们与环境的关系,改变与你们、与发生的所有一切的关系[1]"。这首先意味着催眠状态产生的是完全与孤立相反的东西,是一个关系过程;这还意味着它使人从一种沟通模式转入另一种沟通模式。后一种沟通被赋予负面的特征,因为它发生在注意的范畴之外,故而往往在人不知道或不想要的时候出现。

然而,一说到关系过程,立刻就意味着相互性。艾瑞克森用经过革新的实验证明,治疗师的态度决定取得的结果。举例而言,他让几组学生对同一人施行催眠。他对这几组都肯

---

[1] 《全集——医疗催眠》,前揭,第49页。

定催眠对象具有卓越的能力,但分别对每一组指定一个能力的特定极限。结果可想而知,每一组都无法获得被暗示成难以实现的那类恍惚;原因是显而易见的,实验者认为这不可能做到,因此觉察到这一疑虑的被催眠人不能将暗示付诸实施①。

如果催眠状态被等同于无意识的关系过程,即在主角不知不觉中展开的大量互动,那么艾瑞克森的操纵就有可能获得另一种意义,或许还有另一种效果。它所依据的是一项易于辨其利害的事实:不存在能够摆脱影响的人际关系。无论多么被动、多么沉默,每一个体都会在所有靠近或远离他的人身上引起反应;并影响他们。这些反应——因为不被觉察,所以更加有效——反过来又在将它们引出的人身上造成防御和攻击、逃避和躲闪等行为。因此不存在不含相互操纵的关系——所谓相互操纵,就是分析他人的活动,并试图按照自己的意愿将他人置于某个位置。正是这种常常不被注意、不被分析的现象构成了施行治疗的背景和创造策略的起始点。

我们在此处又遇到前文所述的反对意见。只要这些不同的操纵仍然是无意识的,任何人都没有理由指责它们,任何人都不该认为它们有悖于道德或是对人的尊重。但若有人竟敢

---

① 《全集——医疗催眠》,前揭,第71—72页。

存心用它们获取与自己利害攸关的结果时,那么宽容就不再适用了。没有什么言辞严厉到足以痛斥这类行径。推波助澜的无疑应该是那些丝毫不想了解实情的人。在无知状态下可被宽宥的东西,在明白之后就不能再被容忍了。

在描述米尔顿·艾瑞克森以何种方式回答这些问题之前,我禁不住插一点内容,说明这种操纵在本性中相当普遍。一位与心理治疗素无瓜葛的工业家对我说,他曾经不得不告知年迈的母亲姨母过世的消息。在他看来,不能只讲噩耗,否则老太太会当场崩溃。下面就是他经过一段时间想出的办法。

他问母亲是否按出生顺序记得兄弟姊妹的名字。在她毫无困难地通过测试之后,做儿子的就称赞她在这般年纪竟然还将记忆保持得如此完好,并提醒她注意九个兄弟姊妹中健在的人已然不多。她答道,确实如此,我们只剩下姐妹三人。儿子又说,不,你们只剩下姐妹二人。你别忘了,你最小的妹妹爱丽丝患有重病,不能留在南方,她在返回家乡的途中过世了。老太太在掉了一些眼泪之后,尽力将记忆与现实调和起来。

这个小故事用典型的方式、非常复杂的内涵展现了间接催眠技术。此处有一位天生的治疗师,他胜过所有的职业治疗师。一开始若不是在检测母亲所处的状态,那么这位先生又是在干什么呢?我们可以推测,他在工作中应该也屡屡运用这种手段。当时他就算向比方说可能痴呆的老妇人通报亲人离世的消息，恐怕也是徒劳。她要么听不见，要么听见了也立刻忘掉。

他建议母亲提供准确有序的兄弟姊妹名单，这项练习激发了老妇人的骄傲和尊严，使其心理机能达到最佳状态。他借此创造条件，使母亲不在被动的位置上得悉这一死讯——这正是这个年纪的人经常遇到的事。他通过回顾家族史提供了参考框架(cadre de référence)，所以这个噩耗不再是一个因脱离背景而变得难以接受的孤立事件。此外，他提及死讯的方式也有这样的意味：这一消息已经被人知晓，丧事大概也已完成，因此只需指出这一事实就够了。就这样，由这个噩耗带来的问题被假定已经解决。最后，他再度求助于老妇人的卓越记忆力，向她做出这样的暗示：她不能表现出衰老的样子。因为这一消息在稍早的时候已被确认，所以她的记忆依然良好，她的精神健康没有受到任何损坏。

顽固的道学家必定打着诚实和尊重的旗号批评这个精彩的小故事。这个故事里的诡计和哄骗是不能接受的。因为即使目的是好的，也决不能不择手段。但不能把这个问题反过来看么？这位先生不考虑后果，直接拿姨母的死讯刺激母亲，这么做就是尊重她？抑或艾瑞克森不用迂回办法，他就是尊重那位逃避所有改变风险的丈夫？还有，人是否有权利用自己的力量去做对他人有益的事,即便后者没有作此要求？照这样提出的问题不可能得到否定之外的答复。不过,这类问题可能有点过于简单化。在前一个案例中,老妇人其实没有能力作出任何要求;在后一个案例中,艾瑞克森可能认为:治疗向他求助的妻子,这少不了她丈夫的参与——从他的角度来看,这位丈夫并不尊重妻子。所有这一切可能都只是过于肤浅的解释。确实显而易见的是,米尔顿·艾瑞克森运用自己的力量操纵病人,这看起来令人无法容忍。

然而,治疗师事实上面对的是什么样的情况？他必须应对一种需求,它始终具有模棱两可的特点——即使程度、层面有所不同。呈现症状的人既想又不想摆脱症状。举例而言,艾瑞克森提过一个案例:有一名男士想忘记强迫的念头,因此希望接受催眠。但这位病人对任何进入恍惚的诱导都异常警惕,因此必须找到既能保持这一警觉,又能在警觉状态下引发恍惚的办法。显然,这位男士"既想遗忘(amnésie),又不想遗忘"。艾瑞克森的诀窍就是找到一种维持矛盾双方的策略。为此,一方面他建议病人关注彼处的一个钟,建议后者的妻子留在其身边帮后者安心,从而加强病人的警觉;另一方面他谈论,也让病人谈论相关的症状,从而使它消失[1]。虽然以尊重

---

① 《全集——医疗催眠》,前揭,第25页。

模棱两可的需求为理由,但这仍然是明目张胆的操纵。可还有其它办法能满足这种明白表达的疗愈愿望么?难道应该把这个人打发走,理由是他不想做从另一方面看他想做的事?重要的原则有没有被顾全?若要尊重自由,就得从自由的角度考虑:自由在于症状的持续还是症状的缓解?

艾瑞克森的操纵不只限于觉察和运用模棱两可的需求。它力图按照病人提供的可能性来确定改变的方向。有一位女士长期遭受疼痛折磨,但是体检和神经科检查都找不出任何器质上的原因,于是她被送到了艾瑞克森那里。艾瑞克森起先要求她注意自己的疼痛,极力感受它,并尽可能精确地描述它。在对这种疼痛作了长时间的研究后,他向她说明了一些特定的学习技术。要想为花园清除杂草又避免手起泡,就得第一天做 40 秒,第二天做 1 分钟,照这样便可能做到一整天除草都不伤手。同样,要想品尝墨西哥菜,就得在舌头上逐步培养胼胝。因此他建议这位女士用点时间(他也承认这不太科学)沿着髋部培养神经的胼胝。这个练习持续了 2 个小时,随后,女病人回家了。接着,她就成功地"将疼痛体验转换成舒适感受"。对此,艾瑞克森的解释如下:"我要是直接用感觉丧失或痛觉丧失法(analgésie)为这位病人减轻痛苦,未必有效果。她的倾向就是如此,以致疼痛成为其现实的一部分。我帮她用某种方式运用这个现实,而这种方式也容许她体验舒适①。"

在这个案例中,操纵的意味仍然相当明显,因为艾瑞克森未向这位女士解释他想出的这条相当不科学的计策,采用这条计策前也未征求她同意。不过,从另一个角度看,艾瑞克森看出疼痛是她现实的组成部分,不曾让她失去任何被她制造出来的、几乎可以说决定其生活的症状。他即使哄骗病人,也是用后者自愿向他提供的武器进行哄骗。艾瑞克森抱怨有些治疗师"竭力使病人安心:他们竭力剥夺病人的症状现实,而不是接受这一现实并与它一起工作②。"

按照艾瑞克森的看法,治疗师的权限首先是承认病人有权拥有更加宝贵的东西,即他的痛苦。重要的不是让病人摆脱痛苦。更确切地说,病人必须能够真正认为痛苦是自造的,而到当前为止他所做的仅仅是忍受痛苦。但这种转变只有在一个前提下才能实现,那就是治疗师准确地从这一点切入关系。为了让对话建立在已被女病人决定的位置上,艾瑞克森需要听她充分、详尽地展示此刻最让她惦记的是什么。因此,即便这是经过深思熟虑的策略的结果,他也未曾以任何方式歪曲模棱两可的需求,反而又一次维护了它。要么通过直接

---

① 《全集——医疗催眠》,前揭,第 60 页。
② 同上,第 61 页。

催眠，要么通过解析将它消除，恰恰是这种做法才该被称为不尊重。因为这是企图从病人身上夺走专属他的好处。我们可以得出结论：对艾瑞克森而言，治疗师的权力目标，即没有任何丧失的改变就是他的权限。

心理分析学家认为，被消除的症状通过催眠进行置换（déplacer），产生另一种症状。天才的艾瑞克森回答：没有这回事，我尤其不想要症状消失，我倒是希望病人为自己保留症状，甚至围绕着它，对它进行精雕细琢；尤其要不惜任何代价保护病人需要的痛苦。艾瑞克森不是人们以为的那种天真乐天派，抑或他是一个特别洞悉人性的乐观者，因为他将人类需要痛苦这一点作为工作基础。他的建议是对痛苦进行整合和定位。到了治疗师那里，症状既被隔离，又被接受。在治疗过程中，关键不是消除症状，而是连接症状，认为症状是自造的①。

那么操纵还剩下什么？此后它是不是具有另一种形式，而这种形式不同于介乎使病人放弃症状的状态和病人摆脱症状获得的自由之间的中间状态？在向这位女士谈到"她痛苦神经末梢上的胼胝"时，艾瑞克森对她撒了谎，而且确实可以

---

① 这就是艾瑞克森倡导的重新取景（recadrage，指换个角度看待过去的经历）或改变背景（changement de contexte）技术的表现之一。此处更确切地说是在讨论将某种背景赋予本质上缺乏该背景的症状。

说他骗了她。但是,难道他不曾特别借助比喻(除草、吃墨西哥菜)和图像(神经的胖肌)改变她与痛苦的关系? 他不试图转移对痛苦的注意——这可能是一个蹩脚的催眠师必然想得到的结果——而是反过来力图用迂回方法使病人主动关注痛苦。他把激情转化为行动。因此他的操纵只是激发自由的有效措施。

假如不用迂回的办法,他的治疗可能失败。可那些正人君子却说:宁可治疗失败,也不要哄骗,甚或不要给人以哄骗的印象。或许令人担忧的是,另一个不择手段的人会用这种方法达到其他目的,会利用潜意识诱使他人走向毁灭。更有可能的是,人们恐惧自己受到操纵,也就是说失去控制——哪怕控制是虚幻的。催眠遭到由衷的反对,理由是它掩蔽了某种被等同于独立——即等同于完全孤立的单子 (monade①)——的自由的理念。反之,如果自由不过是把不得不接受的事物认为是自造的,那么它就不可避免地总被置于关系中理解,因此它总是相对的,即首先总是以依赖和影响为前提。有一点对艾瑞克森是很清楚的,那就是治疗师的操纵是病人获得自由的条件,原因是病人的操纵——只要他不想改

---

① 德国哲学家莱布尼茨(Leibniz, 1646—1716)的用语,他把单子定义为一切事物最根本的元素,不可再分,是一种抽象的形而上学粒子。——译注

变——是治疗师行动自由的具体有效的前提。这种不惜任何代价必须尊重的所谓自由,它既没有关系也没有内容,还要求每个对话者都保持并无实在意义的不干预的纯洁性。如果停留在这一被西方最自然地接受的概念上,那么毫无疑问,艾瑞克森的策略是,并将始终是不合正统、无法说明的。

因为"艾瑞克森用这样的话重新定义了催眠恍惚:它不是只涉及一个人的状态,而是两个个体之间一种特殊类型的相互交流①",所以他所致力的操纵对他不是难题。它确实只是一种可能预先存在的互动的明显一面。治疗师仅仅通过行动化使一种到彼时为止依然无效或隐蔽的关系模式显露出来。治疗师有意识地引导策略,目的只是避免重复,别无他意。当个体之间的互动被交给无意识时,它们完全可能再现由症状造成的图式(schéma)。如果治疗师觉察到这些无意识重复,如果他有意识地诱导病人采用另一种必须以拉开距离(distanciation)和归于自造为前提的模式,那么他不仅运用自己的自由,而且将它作为可能对病人有益的好处传递给病人。因此,自由是相互性中可能的艺术。

但间接催眠——或许可被称为间接操纵——是在什么样的基础上施行的? 它的前提就是了解病人在不知不觉中表现

---

① 杰·海利,《全集》,第 25 页。

什么。艾瑞克森"极其仔细地训练自己注意最细微之处,运用所观察到的预测某些行为图式①"。若要推测个体用什么方式根据环境确定自己的位置,解读最微弱的信号就是必要之举。此处所指的不是个体夸耀的、在他的世界中自我定位的方式,也不是他试图提供的图像,而是他置身其中的实际关系系统。必须在治疗的互动中激发和化为行动的正是这一隐蔽的系统,因为它才是思想、感受和行动的真正决定者,尤其是症状的支撑和动力。被称为无意识的部分不仅显露在梦境、失误动作或神明谕示中,而且表现在所有不被注意的本能或自发的表情动作上。通过精微的分析、详细的检查捕捉一个生物能够向眼睛提供的无限复杂性,这不过是治疗师的狂妄野心。

从艾瑞克森赋予"催眠"一词的广泛意义——即当前不被关注的所有一切——来说,催眠状态是严格的无意识行为域。要知道催眠是什么,只需研究人类为了相互告知、相互影响而发出的信号就够了。因为无意识行为对单独个体毫无意义;它们的出现是为了别的个体,后者与有生命的和无生命的存在物一起构成了每一个体的环境。在某人身上引发催眠状态时,治疗师只不过使此人有能力让治疗师和自己发现构成其

---

① 杰弗瑞·萨德,《全集》(*o. c.*),第98页。

关系决定因素的网络,发现此人作用和反作用于这一网络的方式。借助催眠,所有的内心活动、所有的感受、所有的感情都可通过基本的躯体变化觉察。之所以借助直接催眠,是因为没有通过对微弱信号的观察辨出这一网络。艾瑞克森只要观察就够了,观察使他能够在治疗中通常只用间接催眠。

这项技术的基础是另一个基本假设。如果这一技术经常在人际中被用来引发预期的反应,那么它在治疗中的作用就是——正如大家看到的——激发病人的活动,使病人将其症状和与症状相关的全部东西连通,使病人认为症状是自造的。通过这种手段,一方面催眠状态的被动迹象被消除,另一方面无意识的自发行为被纳入人类特有的关系存在(existence relationnelle)的游戏之中。间接催眠仰赖直接催眠的可能性和对无意识形成的信号的观察,因此它是使人类从本能生命转入自由意识的折中之道。

前文没有任何——哪怕部分地——分析米尔顿·艾瑞克森工作的奢望。重要的只是将它当作在心理治疗领域中出现的、与心理分析完全不同的模型运用。从说到一个人反对建立理论,反对作老师收弟子,反对创立门派确定正统开始,我就在描绘一个在弗洛伊德及其正式接班人眼中只是虚构存在的人。这样的个体在分析的天堂中永远找不到一个能够在其身上体现的理念。

毋庸置疑,艾瑞克森在学习和学院、临床实践的过程中有许多机会接触心理分析①。证明就是即使他能够承认并运用心理分析,他也逐点予以反驳。举例而言,他熟悉无意识的概念。但对他来说,它不是来扰乱意识层面的生活,因而不得不被压抑的危险驱动力。恰恰相反,无意识是各种新能量的源泉。病人不了解它们,但必须学会为它们留出越来越重要的位置。要知道改变遵循什么途径,无意识才是必须研究的对象。

由此可知,他不会对过去的事情有兴趣,也不会试图从中找出痛苦或症状的起因——这个起因说不定提供了疗愈的线索。唯一有效的问题是如何从当下现实出发进行改变,如何使过去立刻成为应该被重新组合的东西——重新组合凭借的是拓展和加强被隐蔽的、在与治疗师的关系中显露的潜能。换而言之,过去不需要被解读,而应该在未来的压力下被重铸。

为此,没有什么指令是必不可少的。重要的不是对病人说:"请您放松,联想。"这有可能产生不了别的效果,却只会导致紧张和说不出话。病人的限制、无力、拒绝、阻抗,这些才是应该被当作他本人当前的好处予以重视并全力关注的东西。

---

① 参阅例如《文集》(*Collected Papers*)第 3 部,他以自己的方式,通过若干催眠体验重新看待心理分析中的几种常见说法。

在治疗的商业中,艾瑞克森奉行的金科玉律是:客户永远是对的。应由客户来改变,如果他高兴,就由着他为自己的目的偏离甚或曲解对他的建议,因为他借此表现出自己当前的情境和当下的状态。他已经用这样的方式进入互动,此时应由治疗师找到一个宝贵的切入点——哪怕它是被强加的。

即使客户的情境始终是最好的——因为情境是既定的——也决不意味着他就能满足于此,没有任何作为。恰恰相反,他将被诱导着从中得出各种结论,将它体验到极致,以便准备成为它完全、唯一的责任人。这么做的结果将是改变这种情境的性质,因为那时他与他的情境之间不再是被动的关系,而是主动承担的关系。对接受分析的病人而言,他确实必须在这一刻或那一刻承认自己是其梦境或联想的始作俑者。但在谈论分析治疗时,这一点可以说从未被强调过。弗洛伊德往往认为,分析师提出的解析一旦被接受,一个分析序列就到终点了。这一理智的过程被认为足以实现改变。

弗洛伊德的技术和艾瑞克森的技术之间的差距在此处大到不能再大了。对前者来说,意识化或意识生成物是治疗的关键;而在后者看来,它们偶尔有用,但时常无用,甚至不适用。发现无意识的机制让弗洛伊德激动兴奋,他不可能不认为所有的疗愈都要经历这一过程。反之,虽然继弗洛伊德之后,艾瑞克森也确信无意识力量是人类生活的首要决定者,但是他却从中得出截然相反的结论。为了产生深刻、持久的改变，无意识力量的系统必须被转变。不过，只有当人留在无意识力量的层面上，也就是说只有当这个过程仍然处于无意识中，这一系统才有可能转变。所以他不怎么关注解析，反而不断地运用迂回、混乱、隐喻或是布置任务：所有这些方法都不是为了理解，而是为了使这一系统换一种方式运作。

换而言之，弗洛伊德的心理分析将获得回忆，即获得意识的光照作为首要任务。它似乎忽略了一个基本事实：遗忘是行动的必要条件。艾瑞克森提出例如年龄倒退法，以便在需要时再现造成创伤的情境，这决不是为了理解，因为理解不包含任何使人能够换一种方式生活的动力。倒退必须能将创伤和先前相对顺利的境遇、事件联系起来，从而抵消创伤的作用。但为了产生效果，整个操作过程——可在催眠中进行——必须被忘却。否则，它可能只是一个理智的、表面的过程，没有任何效果。

从这些对比中可以得出什么结论？弗洛伊德和艾瑞克森之所以不相交——即便不是像平行线一般永不汇合——不仅是因为他们文化背景的差异如此之大，而且是因为两人的目标天差地别。弗洛伊德是一名学者，试图把一个新领域纳入科学王国。因为这片领域到那时为止一直受到迷信和魔法的支配，所以分析治疗被认为是使它符合理性知识法则的唯一途径。神秘必须让位于清晰的分析。从艾瑞克森这边来说，即使他参与科学探索，那也是通过实践应用来进行的。他也想和弗洛伊德一样研究被我们时代视作神秘莫测的人类这一部分，但他并不打算把神秘物简化成机制。他是作为观察者、体验者创造了一些技术，这些技术使他能够与人分享它的奥妙，能够对它产生作用，从而改变人生的进程。

透过文化和目标的对立，对峙的正是两种人类学。弗洛伊德学说以 *psychê* 的一元概念为基础，结果是否认影响——仿佛可以将它搁置一边——因为唯有独立才是自由的表现。于是，影响被禁止在治疗中发挥作用：它要么自发地出现，要么消失并让位于难以根除的依赖。相反，对艾瑞克森而言，在关系中系统地运用影响，结果自然激发自由，诉诸责任。这是一个奇怪的悖论：恢复自由确实被包含在弗洛伊德的规划中，但只是偶尔做到，因为它陷入了知识的迷障，丧失了完成目标的能力。它反而通过艾瑞克森的催眠实现了，后者毫不在意病人的独立——因为病人已经处于关系中——将依赖转化成反作用，继而变成互动。

在这两位天才身上，清晰地显示出心理分析和来自大西洋彼岸的新疗法的冲突。他们之间的对比如今应该被置于——为了使人理解——一个广阔得多的背景中。因此，必须从源头重新思考这一数千年来困扰人类的影响。

3. 心理学:我们的占星学

法语"影响(influence)"一词出现于 13 世纪,源自中世纪拉丁文"influentia",意为"星辰对人类命运的作用"。这是"一种被认为来自星辰,作用于人和事物的流"。但从 13 世纪末开始,它已经表示"一个人或事物对另一人或事物施加的缓慢而连续的作用①"。直到后来,18 世纪下半叶,它才成为权威和声望的同义词,被用来暗示君王、政府、艺术或宗教的作用效果。于是,属于星体的力量被转到社会或文化的决策机构上。

　　因此这个词是在占星学术语的基础上进入法语的。探究作用于人类及其命运的决定因素,试图理解人类生活遵从什么样的法则,努力发现能够说明尘世变迁的数字,这一切首先都是因为对天体运动规律的着迷而产生。在中世纪和整个文艺复兴时期,占星学是一门为贵族服务的科学,没有一位君王

---

　　① 《法语宝典》(*Trésor de la langue française*),第 10 卷,第 202 页,1983年。

身边不围绕着一群研究占星学的学者①。

　　"影响"一词的嬗变在其本义即将消失的时代特别引人注目。我们拥有的 17 世纪文学作品即使表现与星辰的关系,也只是通过一种隐喻予以表现。然而,甚至在被拟人化的时候,影响也保持着命运主宰的基本特点,就像例如在《阿丝特蕾》(L'Astrée)中:"在我看来,这名牧羊女是这么好,要不是其星辰的影响使她遭受这一厄运,她本应该让人自惭形秽②"。诗人吸收这一隐喻,把它变成宿命的象征:"永别了,因为是星辰的影响迫使我们分离③",或是幸运的代表:"既然是运气,而不是智谋,或者更确切地说,是我为武器带来的这一幸运星辰的影响使我战胜那么多骑士,赢得这枚指环④"。要不然就把它

---

　　① 参阅雅各布·布克哈特(Jacob Burckhardt)《意大利文艺复兴时期的文化》(*La civilisation de la Renaissance en Italie*),第 3 卷,《风俗和宗教》(*Moeurs et religions*),袖珍本,1966 年,第 129—156 页。(雅各布·布克哈特[1818—1897],瑞士著名艺术和文化历史学家,尤以对文化历史的研究而著称。——译注)

　　② 于尔菲(H. d'Urfé),1607 年。"影响"一词在法国文学中出现的次数及其上下文均由法国国家科学研究院(C. N. R. S.)——上文引用的《法语宝典》的负责机构——的中世纪文献研究会(A. R. T. E. M.)联合研究组(ERA)755 转给笔者。(于尔菲[1567—1625],法国作家,主要作品为长篇田园体小说《阿丝特蕾》。——译注)

　　③ 奥迪吉耶(V. d'Audiguier),《悲喜剧史》(*Histoire tragi-comique*),1615 年。(奥迪吉耶[1565—1624],法国诗人和作家。——译注)

　　④ 同上。

变成缪斯的同义词："这像一个人，他的朋友在天体影响下创作出来的东西，上天并没有赋予他……因为我那有点轻率的缪斯在不知不觉中……①"

如果诗人有时会将星辰看作至高力量的代表②，那么宣道者则把他们比较的两种状态区分开来："这个圣言的化身处于恩宠（grâce）的状态，仿佛面对光明的太阳；他对整个恩宠状态具有一种卓越、一种影响、一种力量，那是绝顶的卓越、普遍的影响、独特完美的力量③"。这种比较也用于表达心和四肢④、头和身体⑤的关系。同样，星辰作用于人类的模式也最

① 泰奥菲勒·德·维奥（Théophile de Viau），《诗集》（Oeuvres poétiques），第 2 部，1623 年。（泰奥菲勒·德·维奥［1590—1626］，法国诗人和剧作家。——译注）

② "造物主将星辰放在天空中，依照它们的影响撰写我们的命运……当他在天宇布设星斗时——它们的影响向我们展现他的神性意志……他按照自己的预见支配星体，它们的影响左右着我们所有的计划"，拉岗（H. de Racan），《圣诗》（Les Psaumes），1660 年。（拉岗［1589—1670］，法国诗人和作家。——译注）

③ 贝吕勒（Bérulle），《论耶稣的地位》（Discours de l'état de Jésus），1623 年。（贝吕勒［1575—1629］，法国红衣主教和政治家、法国灵修学派重要代表、祈祷会创始人。——译注）

④ "通过太阳和其它星球的光辉，上天的影响被传达给我们；通过心的光辉，对话被送达四肢"，梅森（Mersenne），《自然神论者的不虔诚》（L'impiété des déistes），1624 年。（梅森［1588—1648］，法国神学家、数学家和音乐理论家。——译注）

⑤ 布雷伯夫（G. de Brébeuf），《孤独的对话》（Entretiens solitaires），1660 年。（布雷伯夫［1617—1661］，法国诗人。——译注）

终通过类比展现耶稣基督与基督徒的关系本质①。

自17世纪末以来,对占星学的批判沿着两个不同的方向展开。首先,星辰的影响被认为太过空泛,因此必须为尘世现象找到更贴近、更具体的原因。在这种情况下,影响被认为源自物质、精液效果和神经②。接着,占星学的依据也被颠覆、被贬为迷信。

结果便是从1730年起,星辰影响的隐喻不再出现在任何作品中。从那时开始,"影响"一词就脱离了天体,与政治权力、宗教、文学艺术,甚至同吸引力、罪恶、激情、互助、韵律或朗诵联系起来。可以说,不再有什么社会或文化领域是它不能涉足的。

正是在这样的背景③下,孔狄亚克(Condillac④)解释了相

① "耶稣基督并无实体,就存在于他本身,但他通过一种影响的关系,如同领袖对子民一般对基督徒产生作用;反之亦然,对于他的存在和他的实体,基督徒不是绝对地,而是相对地通过自己的思想、行动与耶稣基督的思想、行动之间的一种依附和遵从的关系予以确定"。布尔达卢(Bourdaloue),《布道》(*Scrmons*),1692年。同样的内容,博叙埃(Bossuet),《福音沉思录》(*Méditations sur l'Evangile*),1704年。(布尔达卢[1632—1704],法国耶稣会教士。博叙埃[1627—1704],法国主教、宣道者、作家,以宣道和演说而著称。——译注)

② 贝尼耶(F. Bernier),《伽桑狄哲学概要》(*Abrégé de la philosophie de Gassendi*),1684年。(贝尼耶[1620—1688],法国哲学家、医生和旅行家。——译注)

③ 《人类知识起源论》(*Essai sur l'origine des connaissances humaines*),1746年;《体系论》(*Traité des systèmes*),1749年;《感觉论》(*Traité des sensations*),1754年。

④ 孔狄亚克(1715—1780),法国哲学家、认知学家。——译注

信星辰对人类命运具有隐秘作用的信念,并予以否定①。人们因为注意到太阳对万事万物或月亮对某些事件的影响,所以将它们变成掌管人类生活的神灵,并把这种力量扩展到所有的星辰上。人们确信,"每一样东西都受到某个星辰的控制,天穹是一部书,从中可以察知帝国、王国、州省、城市和个体必将遇到的一切②"。于是,通往占卜术的道路被打开了,无论占卜的方式是解读象形文字、手相、梦境还是牲畜内脏。相信星辰的影响和占卜术,这对孔狄亚克而言均属荒诞不经的想法。不久之后,他本人又提出另一套解读交替更迭的感受的预测法。不过,在着手探讨这一点之前,必须重新打开占卜术的档案,思索一个问题:关于占卜,从前的研究真的只能被冠以"荒谬"、"臆测"这类形容词么? 实际上,这涉及人类与其依存的宇宙的关系,涉及人类与其可能获得的自由的定义的关系。

　　对勒内·贝特洛(René Berthelot③)而言,相信星辰的影

---

　　① 尤其是在《体系论》第 5 章中,该章名为《论占测的起源和发展》(*De l'origine et des progrès de la divination*),(《孔狄亚克哲学文集》[*Oeuvres philosophiques de Condillac*],法国大学出版社[PUF],1947 年,第 133 页)。对观察星相的预测(和通过象形文字、手相、解梦、牲畜内脏的预测),孔狄亚克代之以可被称为感受分析的预测法。将《体系论》第 5 章与《感觉论》中论述深思熟虑(délibération)的部分联系起来的正是"影响"一词。

　　② 同上,第 138 页。

　　③ 勒内·贝特洛(1872—1960),法国哲学家。——译注

响,探寻未来的迹象并确定选择的方向,二者不应该被联系在一起。我们现代科学的预兆从第三个千年的迦勒底(Chaldée)——占星家的发源地——开始,经由伊朗、印度和中国传播开来:"按照迦勒底人的看法,人可以通过天体的位置和运动预测国王和国家(二者浑然一体)的生活事件。这其中有一种绝对的决定论,它将人类当作宇宙的其余部分包括在内,把人类生活中幸或不幸的事件与决定星体的相互位置、轨道的数字法则联系起来①"。更具体地说,这些时代的学者力图在天体规律和有生命的机体之间建立关系。中国人曾经察看太阳在天空中的运动,从而确定"它们对植物生长的影响,对年周期和日周期关系的影响②"。贝特洛将这种研究称为天体生物学(astrobiologie):"需要自然法则的宿命观和命运观③。"

他希望在研究中探明这些民族的发现在什么方面预示我们的精密科学,他们的观念又在什么地方近似于包罗万象的决定论。引自列子④著作的一句话很好地描绘了这种追求:

---

① 勒内·贝特洛,《亚洲的思想和占星学》(*La pensée de l'Asie et l'astrologie*),帕约出版社,1972年,第38页。该书按照1938年的版本重印。正如将看到的,在不同时期,根据相同资料论证出来的结论并不相同。

② 同上,第85页。

③ 同上,第112页。

④ 列子,中国战国时期思想家、文学家,道家学派代表人物。——译注

"深奥莫测的命运主宰着我们，我们既没有选择，也没有自由①。"

研究这些古代文明的其他探索者却不曾得出这样的结论②。苏美尔人的宗教、政治、精神活动和日常生活的主轴是各种形式的占测，即试图在当下推测什么样的行为可以开创一个有利的未来。不过，这种占测并未显示出任何类似愚昧迷信的特征。

蒲德侯（Jean Bottéro ③）将占测分成两类：神示预测和推断预测。在前一种占测中，主动权被交与神灵。神灵引起被人在出神、幻觉或梦中接收的某种"自发言语"。某位男性、女性（特别是女性）、修士、神甫成了神灵的代言人、神谕的宣示者（就最接近词源的意义而言）。"此乃神性的直接显露，对未来的察知在此处不需要通过多少有点复杂的头脑活动获得，而是一下子降临，并且具有完全的、不容置疑的直接确凿性④"。

---

①　《亚洲的思想和占星学》，前揭，第 113 页。（疑为《列子》"力命"篇中的"皆命也，智之所无奈何"。——译注）

②　韦尔南（J.-P. Vernant）及其他人，《占测和理性》（*Divination et rationalité*），门槛出版社，1974 年。（韦尔南[1914—2007]，法国历史学家、人类学家、希腊学泰斗。——译注）

③　《古代美索不达米亚的征兆、符号和文字》（*Symptômes, signes, écritures en Mésopotamie ancienne*），同一著作中，第 70—197 页。（蒲德侯[1914—2007]，法国亚述学泰斗、国际美索不达米亚专家。——译注）

④　同上，第 89 页。

不过,这类把握未来的方法似乎作用有限,它们甚至都不曾被推广到整个美索不达米亚。

人为引起的神示预测也应被归入这一类。举例而言,人被建议在睡前向神明祈祷,请求后者在睡眠中赐予恩典,对于应当采取的行动降示预兆。这种预兆"应当通过与当事人神祇的夜间直接接触获得①"。人同样可以询问死者的灵魂,或是等待某种奇特的声音来确认神灵已经满足他的祈愿。这就不再是神示降临,而是做好准备获取期待的答案。

相比这类获得神示的方式,推断预测在苏美尔人当中具有重要地位,以至成为一门基于被耐心收集的、凭经验确认的事实的科学。预测的论著都以一种通用的逻辑形式表述:如果……那么②。"这样才能不加区别地一方面说'预兆'或'条件从句',另一方面说'神谕'或'主句'③"。条件从句属于过去和现在,而主句则表示未来。对预兆的研究在那时是一门百科全书式的学科,涵盖所有的知识领域,特别关注可活动的存在物和反常的情况。它描述现象并不是为了揭示其固有的规律——就像天文学追求的那样——而是为了记录某些事件和某项人为举措结果之

---

① 《占测和理性》,前揭,第97页。
② 法语中"如果"引导条件从句,"那么"引导条件从句之后的主句。——译注
③ 同上,第83页,注释1。

间的规律。这是一门使人作出合理选择的科学。

虽然分析和理解预兆,从中获取神谕这一人为工作构成了推断预测的基本特征,但这并不意味着它与宗教背景没有关联。恰恰相反,占卜师仅仅用他的技术和理性知识来诠释神灵的旨意:神灵在他身上说话。作为仲裁者,他祈求神灵"使自己也正确地思考,并且公允、正直地作出结论①"——这种结论将决定求教者的未来。从这一意义上说,他也必须多少获得一点神灵的启示,哪怕为了能使在其他情形下颁布的规则适合这一特定情况②。

为什么绕这个大圈子?它穿越了那些在时间和空间上离我们仿佛相当遥远的文化——对于它们而言,问题不再是影响,而是如何找到最佳选择③。不过,这两种说法并不相悖。在美索不达米亚或者古代中国,神灵被看作人类命运的唯一主宰,这一点确实是毫无疑问的。正因为如此,祈问神灵适宜

---

① 《占测和理性》,前揭,第 142 页。

② 同上,第 167 页和第 179 页。

③ 在同一著作中,汪德迈(Léon Vandermeersch)在《从龟到蓍草》(De la tortue à l'achillée)中指出,公元初期,中国人的占测也是建立在一套系统的实验程序基础上。不过也可参阅《易经》(美第奇书店[Librairie de Médicis],1973年)。在成为经典之前,这部书一开始,即至少在公元前 3000 年是一本诠释神示的征象集。这些征象最初是通过"阴爻"和"阳爻"来描绘的。阐释事物复杂变化的八卦系统就被建立在这个基础上。(汪德迈[1928—],法国著名汉学家。——译注)

做什么,此事支配着各种形式——宗教、精神、实践——的生活。影响在这些领域依然是一种隐秘、"缓慢而连续"的力量,悄悄地,但毫无例外地作用于人和事物。

区别完全在于对这种影响所采取的态度上。可以一味地接受影响,要么悲叹不可避免的厄运和灾祸的影响,要么赞颂像变戏法似地向我们施加恩典的幸运女神;也可以竭力去掉影响中的某些阴暗部分,以便顺应它的变化。当占卜师在宣示决定人生取向的神谕之前诠释预兆时,他只是极力搜索神灵留在各种人和事物中的征象,完全和到处搜寻他们的足迹一样。祈问——如同在美索不达米亚——之所以也是一门百科全书式的学科,原因非常简单:任何形式的存在物都无法避开神灵的影响,而且每个存在物都想揭开秘密,预知前途。

并非只有美索不达米亚或中国进行这类为我们指引未来道路的研究。它的影子随处可见。无论我们假设和信仰的天神为何,出生、生活和死亡都被置于其影响之下。人类一直知道,自己只有发现这种影响并顺应它的能力。"参议院、罗马政府在做出决定之后,不问过神祇是不会采取行动的[①]"。虽

---

① 爱德蒙·奥尔蒂格(Edmond Ortigues),《经卷宗教和习俗宗教》(*Religions du livre*, *religions de la coutume*), Le Sycomore(法语,意为"埃及无花果"。——译注)出版社,1981 年,第 45 页。(爱德蒙·奥尔蒂格[1917—2005],法国哲学家,其著作涉及哲学、历史、语言学、神学、心理分析等多个领域。——译注)

然波菲利(Prophyre①)认为"哲学家不需要占卜师或牲畜内脏",但是他仍须——为了找到"确切的指示"——接近"居于自己内心深处②"的上帝。

当反改革运动③于个人主义在西方诞生之际,力图将各种有利于做决定——即开辟未来道路——的条件编成体系时,它——在一个不同的宗教背景下,随着对主体性价值的推崇——恢复了美索不达米亚于公元前 2000 年所作的区分。被区分出的是"作明智和良好的选择的三种时间"。在第一种时间中,上帝如同神示预测一般吸引意志,使得"虔诚的人不但不怀疑,或甚至不能怀疑,因此随着指示去做"。第二种时间意味着做好准备,从而通过"经历种种神慰或神枯",即"辨别各种神类的经验"分辨神的旨意。神灵这一回受到了质疑,必须推想——不再通过梦境或奇特的声音,而是借助情绪——选择的方向。最后,第三种时间是根据拯救灵魂的思考推测出来的结果:它是"宁静的,就是指灵魂没有受到任何神类的推动,而是在自由和平安的气氛中,运用本性的官

①　波非利(公元前 234—305),腓尼基的新柏拉图主义哲学家,反对基督教教义。——译注
②　《经卷宗教和习俗宗教》,前揭,第 47 页。
③　指 16—17 世纪天主教为对抗宗教改革而进行的改革运动。——译注

能①。"

虽然孔狄亚克否认占测的一切价值,但是他根据呈现给自由意志的迹象理解影响的意图正是与它一脉相承的。显然,除了内心,被科学征服的领域没有其他地方可以留给人类,供他在选择中替自己确定方向。"影响"一词的心理学化②完成于孔狄亚克写作的那一刻。对占星学的批判使他把原先被归于天体的东西置于灵魂之中,取消了天体为我们带来吉凶福祸的力量。对他而言,每个人都可能遇到福祸,因此必须根据某些应被奉为规范的征象解读这种可能:"痛苦和快乐是

---

① 依纳爵·罗耀拉(Ignace de Loyola),《神操》(*Exercices spirituels*),第175—177条。(依纳爵·罗耀拉[1491—1556],西班牙人,罗马天主教耶稣会创始人,也是罗马公教会的圣人之一。《神操》的引文摘自刚斯(George E. Ganss, S. J.)的《神操新译本》,郑兆沅译,台北依纳爵灵修中心校订,光启文化事业出版,2011 年,第 102、103 页。刚斯,美国当代耶稣会教士、神学教授和作家。——译注)

② "这种玄学甚至都不是初级的科学。因为怎么可能分析我们所有的观念,如果我们不知道它们是什么、怎样形成的? 因此,首先必须了解它们的起源和生成。但是研究这个主题的科学尚无名称,因为它是新生的。我称它为心理学,因为我知道有几部不错的作品以此为名。"《现代史课程》(*Cours d'études*﹒*Histoire moderne*),第 2 部,第 229 页,被德里达(J. Derrida)在《轻佻的考古学》(*L'Archéologie du frivole*,伽利略出版社[Galilée],1973 年)第 21 页中引用。按照布洛赫(Bloch)和瓦特布尔格(Wartburg)的观点,"心理学"一词始于 1698 年;而根据利特雷(Littré)的看法,它源自沃尔夫(Wolff),不过这并不改变它的出现时间。(德里达[1930—2004],法国著名哲学家,以解构主义而著称。布洛赫[1885—1977],德国哲学家。瓦特布尔格[1888—1971],瑞士哲学家、词典编纂家。利特雷[1801—1881],法国哲学家、词典编纂家,以编纂法语辞典而闻名。沃尔夫[1679—1754],德国哲学家,被认为是第一个用"心理学"作书名的人。——译注)

决定人类所有行为的唯一原则,它使人逐渐获得所有他能够掌握的知识;要分辨他能获得的发展,只需观察他希冀的快乐、畏惧的痛苦以及快乐、痛苦依据情势的影响就够了[①]。"

人不再只是无能为力、任由福祸降临的对象。从此之后,他只需比较快乐和痛苦就可以改变自己的生活:"这便是我们全部存在的根源,我们吉凶福祸的源头。我们研究自己的唯一方法就是观察这条原则的影响[②]"。这样的研究将使人深思熟虑,使人可能获得自由[③]。所以,将注意引向被感受到的内在与撇开宿命是同时进行的,因为作为征象的快乐和痛苦应该容许人类成为自身命运的密探。

心理学探索解释人类行为的机制,这和我们的占星学殊途同归;因为即使它适应个人主义至上的时代,适应人是参与者而非奴隶的信念,它也承认自己只能给人提供一种虚幻的掌控或是无知的知识。指出这一点的正是孔狄亚克本人:"有些原则甚至在引导我们的时候也不被我们察觉。我们没有注意到它们,但我们没有什么不是在它们的影响下做

---

① 《感觉论》(*Traité des sensations*),1754 年,第 1 部分,第 2 章,《感觉论、动物论》(*Traité des sensations*,*Traité des animaux*),见《法语哲学作品汇编》(*Corpus des oeuvres de philosophie en langue française*),法亚尔出版社(Fayard),1984 年,第 18 页。

② 同上,第 4 部分,第 9 章,第 267 页。

③ 上文引用的句子出自《感觉论》末页,《感觉论》结尾部分是一篇关于自由的论文。

的①"。那些对我们而言依然是最隐秘的东西,它们仍然在更大程度上支配我们。

这篇简史使我们朝着两个相反的方向思考影响的问题。无论影响是发源于星辰还是——相反地——发端于情绪,这都是次要的;最重要的是知道人类是否被看作屈服于不可抗拒的命运——这具有决定论的全部特征——或是知道人类是否的确能够或应该学会了解命运的征象,以使自己的行动顺应它和居于超越它的层面上。这是一个永恒的问题,从最遥远的年代开始,它就被人以各种形式提出。

即使今天和从前的文化背景不再有很多共同之处,借助预测推导我们可能遇到的未来情况,借此了解如何确定自己的选择方向,这难道不是我们仍须依从的需要? 占卜师如今只是变成了专家,他们运用统计调查就像占卜师摆弄鸟肝龟甲一样。我们敢说我们现在的研究手段是科学的,而以前的方法从来都不是么? 仿佛今人侦测预兆比 4000 年前更加便捷,更加自信! 当我们对古人的轻信盲从不以为然时,我们可曾记得:即使例如经济和科学的选择宣称已经获得理性,这种理性产生不确定、谬误和差错的可能性还是很大。

当专业的占卜师被称作心理分析师或心理治疗师时,情况

---

① 《感觉论》,前揭,第 2 部分,第 9 章,第 140 页。

亦是如此。弗洛伊德不是打算成为公认的阿刻戎（Achéron[①]）代言人么？他向鼠人表明"将尽己所能推测（erraten）他给自己的指示[②]"。抑或他交给分析师的任务就是"推测或者更确切地说，根据他留下的迹象建构被遗忘的内容[③]"。而在谈及"所谓的通过肌肉无意识小动作'预测思想'[④]"时，他形象地预示着现代心理治疗师对念动性（idéo-moteur）迹象的运用[⑤]。

---

① 阿刻戎，古希腊神话中分隔人间和冥界的苦河之神。——译注

② 《德文版全集》，前揭，7，第391页；《英译标准版全集》，前揭，10，第166页。

③ 同上，16，第45页；同上，23，第258—259页。法语翻译见《结果、观念、问题》第2部：1921—1938年（Résultats, idées, problems, II, 1921—1938），1985年，第271页。

④ 同上，5，第296页；同上，7，第288页。法语翻译见《结果、观念、问题》第1部：1890—1920年（Résultats, idées, problèmes, I, 1890—1920），1984年，第7页。

⑤ 同上，第5页："一个人几乎所有的心情都可通过面部肌肉的松紧、眼神、皮肤充血、嗓音语调和四肢，特别是手的姿势表露出来。通常这些伴生的身体变化对当事人毫无用处；相反，当他想要对别人隐藏自己的心理过程时，它们往往是这种意图的障碍；它们反而成了容许他人推测其心理过程的可靠迹象，比起与之相伴的、有意识的语言表达，人们更加相信它们。"持批判态度的孔狄亚克也看出古人的预测包含这些现象："一个无意识的手势、不小心比别人先迈出的一步、一个喷嚏，所有这些对他们来说都变成某种吉兆或凶兆。"《全集——体系论》，第139页。而在下一页："我们的灵魂对他们而言只是人类灵魂的一部分。它被包裹在肉体中，不再感应已与之分离的、这个实体的神性。不过，它与其身体的交易在梦境中，在暴怒和所有不经思考产生的冲动中被打断了：在这些情况下，它回到了神性中，未来向他展现"。不算在从亚里士多德《自然诸短篇》（Parva naturalia）到弗洛伊德作品的世界文学中均可看到的三位一体，此处，我们就有一个对于危象（crise）或催眠状态的特征鲜明的、绝佳的可能定义。

89

于是,我们面临两种迥然不同的影响概念。如果影响始终是一种隐蔽、连续、通常为人类生活遵循的——因为它在宇宙和尘世中的位置,特别是因为它从属于某一社会或文化——作用,那么我们面对这一既定力量的态度就可能有两种截然相反的倾向。要么把影响看作不可抗拒之物和命运,因为一切都已被预先确定,不可改变,了解未来的尝试只不过让我们预知已被注定的、丝毫无法更改的内容;要么将影响当成支配和决定人生的许多隐秘因素的总和,而人类应当学会解读它们,使其行为不违犯在他之上的法则。

在后一种情况下,无论预兆被归于诸神、上帝、社会环境还是个体经历,为了确定未来的方向,求教者都会请求预兆准许他着手进行他想做的事,从而使这一作用发挥成功。刚才提到的历史背景使人能够看清当前心理治疗的意图。因为它们提供的解决之道虽然表面上非常现代,但是究其本质,大概与最古老的传统提供的方法并无多大差别。要不然就是历史学家在用今天的眼光看待美索不达米亚黏土和中国骸骨。

专家异口同声地宣称现代心理治疗始于麦斯麦。这位不为国人接受的维也纳医生于 1778 年来到巴黎,期望最终得到学院的认可。他当然是来向他们寻求支持,但这也是为了日后拒绝他们的评断。他像个魔法师,也许学识渊博,但他的直觉肯定超过心智。此人的作品读来令人失望①。他是个蹩脚的作家,把绝大部分时间都用来对不理解的人叫嚷,却不说明理由;因为若要被理解,他的发现必须以体验为前提。他的晦涩理论号称拥有万灵药,却未对其常被质疑的疗效做过任何论证。

然而,动物磁气说旋即像流行病一样在欧洲蔓延开来。它不仅在普罗大众当中取得成功,而且令那个时代最伟大的思想家也对之产生兴趣或为之着迷;较之创始人苦心建立却欠合理的理论,更加吸引后者的或许是这类奇异的体验②。

---

① 麦斯麦,《动物磁气说》(*Le Magnétisme animal*),见《文集》(*Oeuvres*),罗贝尔·阿玛杜(Robert Amadou)出版,帕约出版社,1971 年。(罗贝尔·阿玛杜[1924—2006],法国传播特异功能学的作家。——译注)

② "动物磁气说既在《悲惨世界》的'哲学序言',也在《人间喜剧》的前言中具有重要地位",罗伯特·达恩顿(Robert Darnton),《启蒙时代的终结:动物磁气说和法国大革命》(*La Fin des Lumières. Le mesmérisme et la Révolution*),贝翰学术书店(Librairie académique Perrin),1984 年,第 169 页。达恩顿也援引泰奥菲勒·戈蒂埃(Théophile Gautier)的话(第 165 页):"他(巴尔扎克)想成为伟大人物,通过不断喷射这种比电流更强的流体做到了这一点。他在《刘易丝·兰勃特》(*Louis Lambert*)中对这种流体作了如此精微的分析"。还可以加上费希特(Fichte),《动物磁气日志》(*Tagebuch über dem animalischen Magnetismus*,写于 1813 年),《约翰·戈特利布·费希特文集》(*Johann Gottlieb Fichte's sämmtliche Werke*),费希特编著,第 11 部,波恩,阿道夫·马库斯出版社(Adolph Marcus),1835 年,第 295—345 页。还有黑格尔(《哲学全书——精神哲学》[*Encyclopédie des sciences philosophiques. Philosophie de l'esprit*],贝尔纳·布尔乔亚[Bernard Bourgeois]翻译,弗汉哲学书店[Librairie philosophique J. Vrin],1988 年],他好几次影射动物磁气说,用了两个段落来描述它(405 和 406 及相应的附录)。还不算曼恩·德·比朗。(罗伯特·达恩顿[1939—   ],美国著名文化史专家,以 18 世纪法国文化史见长。泰奥菲勒·戈蒂埃[1811—1872],法国诗人、小说家、戏剧家和文艺批评家。费希特[1762—1814],德国哲学家。贝尔纳·布尔乔亚[1929—   ],法国精神与政治科学院院士、法国哲学会主席。——译注)

动物磁气说——尽管遭到几乎所有政治和科学权威的反对——究竟靠什么取得这样的成功？答案或许非常简单：麦斯麦为了自己的事业，以一己之力重新演绎了整部影响的历史，并且——不依靠神灵——将它翻译到人际关系的领域中。

在医学博士论文中，他企图借助当时的科学建立对占星学的信仰①。在他看来，行星的影响不仅指月亮对气压的影响，还有另一种"作用于动物躯体的"影响。这一力量与被称为万有引力的力量相同，它是所有躯体属性的基础，可被叫作"动物引力"。后来，他又把这个词换成另一个已被大众接受的术语"动物磁气②"，他断定存在一种细微的流体，它类似于被假设来解释引力③、磁、电的流体。

大家看到这种理论曾经是怎么吸引人的。它延续了——不过是以尽量显得科学的术语——天体生物学的信仰：星辰影响尘世的生命，特别是动物的生命。人类不再服从神灵，而是像科学一样面对物质。此外，这种通过感觉——尤其是内

---

① 罗贝尔·阿玛杜已在《全集——麦斯麦》(*F.-A. Mesmer, o. c.*) 第 40 页中指出，麦斯麦的论文《论行星的影响》(*Sur l'influence des planètes*) 就是一连串的摘引；它的创新之处仅仅在于发明"动物引力"一词。

② 用磁气的隐喻来表示连通人类的东西，麦斯麦不是第一人。柏拉图曾把吟游诗人在不能自控、受神驱遣的状态下作成的诗歌逐渐传递开来的力量比作吸引铁环的磁石，《伊安篇》(*Ion*)，533c 至 536d。

③ 牛顿从未借助某种流体的假设来说明引力。更确切地说，这是笛卡尔门徒的做法，对他们来说，只有通过接触才可能产生作用。

心感觉或第六感——使人和整个宇宙建立联系的流体,它变得可以控制。大自然把它的力量交给学会接收的人。通过此人,人类能够以自己的方式焕发生机,令各种疾病痊愈。

问题当然不在于耐心解读必须顺应的未来迹象。改变直接通过出神产生,但由危象(crise)而来的出神却是不可预期的。要诱发这种状态,可以参加 baquet[①] 仪式,或者更加简单,接受被这种流体萦绕的动物磁气治疗师的触摸。此外,即使有人认为这种问询不像在古代文明中那样涉及每一个要采取的行动,而是关乎医学问题,它也仍是一种新形式的占测。那些受到动物磁气感应、被我们称为医生的人,他们的任务就是作出诊断并指明合适的疗法[②]。

这种治疗引发的狂热想必引起了政府的注意。国王派出委员会[③]调查麦斯麦治疗术的效果。委员会得出结论:这种

---

① 法语"baquet"意为"木桶",此处指麦斯麦创立的一种集体疗法。病人在客厅中围绕一个被称为磁桶(baquet)的大容器而坐,每个人都通过绳、棒与之相连,据说麦斯麦通过手、眼的某些示意动作把这种流体传给他们,从而产生疗愈。——译注

② 必斯奎(A. M. J. Chastenet de Puységur),《于苏瓦松附近比藏西施行的动物磁气治疗细节》(*Détails des cures opérés à Buzancy, près Soissons, par le magnétisme animal*),苏瓦松,1784 年。(必斯奎[1751—1825],法国侯爵,麦斯麦的学生和追随者。——译注)

③ 拉瓦锡(Lavoisier)也在其中,他于 1784 年按照实验科学的最佳传统描述了辨测这种流体存在与否的过程。《拉瓦锡作品集》(*Oeuvres de Lavoisier*),第 3 部,巴黎,皇家印刷厂出版社(Imprimerie impériale),1865 年。(拉瓦锡[1743—1794],法国贵族和著名化学家。——译注)

流体没有任何价值,因为它不具备可被测定的物理形态。触摸、想象和模仿能够诱发危险的性吸引力,这一切足以解释那些受到指摘的现象①。当时学者的这一干预起了决定性作用,人们不再相信这一被用来解释动物磁气治疗师对感应者的影响的流体。麦斯麦的追随者不得不撤到另一阵地上:承认这是想象的力量,因此是精神的力量——一个世纪之后它将变成心理能量②。就这样,因为试图将奥妙莫测的影响再度引入科学领域,因为要求后者承认它是科学现象,麦斯麦及其门徒引爆了二者这一不大可能的混合物,被学院人士强令离开纯正的科学领地,另立门户。

它到底是什么样的?麦斯麦彻底失败了。在理论方面,人们向他证明他的流体没有任何价值;在临床方面,他的疗愈显得难以预测、变化不定、令人怀疑,而且不管怎样只与神经症有关。可是却有被引发的集体危象,有公众的骚乱,甚至还有一帮着迷的人在看热闹。大半个世纪之后,大仲马(Alexandre Dumas)用华美的文字描述了这种现

① 麦斯麦,《动物磁气说——全集》,第 278 页下(引用部分)。

② 弗朗索瓦·阿祖维(F. Azouvi),夏尔·德·维莱尔(Charles de Villers)《爱情磁气治疗师》(*Le Magnétiseur amoureux*)引言,弗汉出版社,1978 年。(弗朗索瓦·阿祖维,法国当代哲学家、法国社会科学高等学院[EHESS]研究主任、法国国家科学研究院研究主任。夏尔·德·维莱尔[1765—1815],法国作家,以传播康德思想而闻名。——译注)

象①。麦斯麦和他的 baquet、他的激情,这些都是即将发生的
事情的征兆②。她在出神状态中对能听到的人说:革命即将
来临。政府和学院压制了这种动荡,却未看到这已是他们自
身潜在的动荡:因此那位在危象反应中震住在场人士的年轻
女士只可能是一个与王后极为相像的人、一个站在民众立场
上的替身,当然,她受到了革命派术士卡格里奥斯特罗(Ca-
gliostro③)的操纵。

　　权力、理性和科学试图驱逐出社会的东西,它又以一种抑
制不住的野蛮形态卷土重来。问题不再是思考人与其周围世
界的关系。难以捉摸的影响被扔到了深奥莫测的非理性和主
观那一边。脱离了政治和社会,它藏身于个体的内在和个体
关系的奥秘中,即被认为完全无效的——因为无法在物质层
面上被测定——想象世界中。这个当局不愿给予任何地位的
领域,它怎么能被人想得稍微好一点呢? 此后就出现了三个
问题:危象状态可被认为具有什么样的特征? 在这种状态下
通过什么信号进行沟通? 动物磁气治疗师和感应者之间是什

　　① 《王后的项链》(Collier de la reine,译注,法国作家大仲马的历史小说)
的前言可追溯到1848年。(大仲马[1802—1870],法国浪漫主义作家。——
译注)
　　② 委员会对动物磁气的报告可追溯到1784年。
　　③ 卡格里奥斯特罗(1743—1795),意大利探险家及魔术家,他在《王后
的项链》中被塑造成一位神通广大、精通神秘术的共济会成员。——译注

么关系?

麦斯麦的信徒已经注意到,感应到动物磁气的人看起来仿佛在睡觉,这就是为什么他们旋即称这种状态为梦行(somnambulisme)的原因。但他们仅限于描述这种现象,却不能对它作出解释。曼恩·德·比朗不能无视同时代人对动物磁气说的痴迷,成为第一个力图理解梦行的人①。在他看来,为了准确地解释梦行,首先必须思考何为睡眠。睡眠是"努力和有意识的能力的暂时中断",其结果是任由某种能力活动,此即"感觉或接收印象、受其感动、因器官天然或习得的素质体验某些欲望和倾向、拥有此类欲望客体的直觉或图像、将这些图像在外部客观实在化、在某种必然或偶然的联想中回忆它们"的能力。这些特征不只适用于睡眠。在激情和最完全的醒觉状态中,我们恢复了内在感受性的被动即时印象的影响力,恢复了对于"纯粹感性和动物性的本性"的依赖。这些印象形成了想象。在梦行状态中,正是想象"主宰一切",在缺乏外部知觉的情况下,它按照以往记录完成行动。

影响,也就是连续而隐秘地驱动我们的力量,它的中枢不

---

① 曼恩·德·比朗,《贝尔热拉克医学协会讲话》(*Discours à la Société médicale de Bergerac*),《曼恩·德·比朗文集》,第 5 部,弗汉出版社,1984 年,《关于睡眠、梦和梦行的新思考》(*Nouvelles considérations sur le sommeil , les songes et le somnambulisme*),第 82—123 页。

再是星辰,而是被动想象。后者汇集了——尤其在童年时期——构成每一个体独特性格的各种印象。当主动能力暂时中断时,支配我们的是"一条盲目的原则……它带有自动机械性的所有必需物。这条内在驱动力的原则和各种动物原始本能的原则一样,与胎儿在母体中或出生伊始的活动原则一样……最终它和缺乏意志、盲目驱动的原则一样,甚至往往违背明白的意志,违背我们的活动和习癖"。我们通过这种隐蔽生活的影响,借助被动想象与动物相通,这正是梦行揭示的,也是危象、恍惚或不久之后的催眠展现的现象。

第二个问题:在醒觉状态下,这种在因主动能力暂时中断而显示的层面上的人际沟通又是如何进行的[①]? 为了作出回答,曼恩·德·比朗循着前辈的思路,将从没有严格意义上的表象的模糊印象与需要借助自我能动性予以表征的完整知觉区分开来。每个感官都可以是作此类区分的中枢。举例而言,如果视觉是感知清晰对象的渠道,那么它也可以成为一种影响的媒介。这些光线的印象"来自——犹如借助闪烁的亮

---

① 《贝尔热拉克医学协会讲话》,前揭,《关于模糊知觉或情感总体印象——特别是感应——的论文,于贝尔热拉克医学协会上宣读(1807 年 11 月 15 日)》(*Mémoire sur les perceptions obscures ou sur les impressions generals affectives et les sympathies en particulier*, *lu à la Société médicale de Bergerac* [le 15 novembre 1807]),第 10—43 页。

光——这些灵动的、闪耀着感受和生命的眼睛,产生直接、特定的情感"。这类印象对在场的人来说是不容置疑的,它们通过眼神的特质相互沟通和交流。"这种炯炯有神的目光随着感觉灵魂的情感变化而变化,感情热烈的存在物正是通过它打动身边的人,并且可以说迫使他们与他协调一致"。眼睛就是这一纯粹的感情部分的镜子,这个部分可以"通过一种纯粹的感应效果"被人从镜中窥测。

没有什么比这种体验更加寻常了。但人们却不大在这方面花心思,特别不会抓住机会突出一点:"精神和意志的现象并不用这种方式和类似的、迅捷自发的方式在外部显露和相互沟通"。因此,我们面对两种难以互相遏制的沟通:它们往往无法区分,因为业已完成的知觉的表象掩盖着模糊印象、纯粹的感情部分。这一点在听觉上也显而易见。一方面是被知觉的判断或者还有表述的言辞确认的"悦耳音调或优美组曲",另一方面是"所谓的声音音色和嗓音音调",难道不是难以对它们进行明确区分? 演说家"善于把握震颤灵魂的语调变化,善于模仿或再现与每一种他们要激发的激情天然相联的信号",他们影响力的奥秘恰恰必须从后一方面探寻。演说家的"魔力"、演说家的影响不在于"作为理智的符号"被说出的言辞,而在于"抑扬顿挫的嗓音"。

这样的例子足以证明:这种形式——通常被称为直

接——的沟通在任何情况下都不是直接的，因此不能认为它具有任何神秘的特征。它的媒介是一些信号，它们可由对人类关系的精细描述析出。这些信号通常一开始都是隐蔽或模糊的，需要非凡的关注能力才能察觉。观察者必须放弃业已完成的知觉，必须使自己处于信号发送的层面上，他唯有如此才能收到信号。他的注意离开了清晰的对象，转而把握现象的整体。他就这样将自己置于一种不再受到高级能力支配，因而变得接近危象或恍惚的状态之中。因为他必须让信号萦绕、经过全身，以此将它们放大，使自己能够侦测到它们。

曼恩·德·比朗看到了一点，那就是这些一直活跃着的现象像一股经久不变的力量一样控制着我们的生活："对于这种低级的情感印象，在任何情况下我们都是如此。这种印象相互之间，它们与外部感觉之间不断地更迭、组合或交融，从不明确表明它们占据的部位，更不显示它们产生的原因；它们从不处在严格意义上的意识中，也不留在记忆内。这种印象与思维、意志的产物毫不相干，却对这些超级有机的决定、我们思想的方向和我们最深思熟虑的意图具有恒定不变的影响；而且因为它们的起源更加不被了解，因为它们先以更加难以预知的方式出现，又以更加难以停止的方式驱动，所以它们的影响力就更加难以抗拒。"

在这样的背景下，动物磁气治疗师和感应者之间——这是第三个问题——是什么关系？对曼恩·德·比朗而言，因为需要事前推测，所以动物磁气治疗者的意愿不可能对感应者的意愿产生决定性影响[①]。因为意愿是一种主动能力，只能接受被它掌控的东西。每一个体在意愿中都是一种至高的力量，无法被任何人取代。"人、自我是由本身的意愿力和行动力构成的，对他而言，不可能有任何同名的力量能够取代他的位置，为他执行相同的、被他归于自身的、有意识的即伴有努力的活动。"

那么动物磁气治疗师怎么能与感应者沟通呢？他凭借的是欲望和想象。意愿不能相通，想象却不一样。当某种想象"上升"到一定程度时，就可以在他人的有机组织中引起类似的情绪。"我们看到某些人就是这样激动起来的，或者可以说起先有意识、冷静，最终却真正地激动起来；这种激情具有感染性，像通电一般传到它们影响能及的一切有感觉的存在物上。"演说家或戏剧演员就是如此，他们懂得通过艺术突出那些本来不被注意的特点。

还要思考一点，那就是想象通过什么媒介进行沟通。如

---

① 《曼恩·德·比朗文集》(*Oeuvres de Maine de Biran*)，皮埃尔·蒂丝朗(Pierre Tisserand)编辑，费利克斯·阿尔康出版社(Félix Alcan)，1939年，第11部，第1—29页和335—355页。（皮埃尔·蒂丝朗[1867—1935]，法国学术编纂者。——译注）

果在醒觉状态下——如同我们在前文看到的——发现嗓音和眼神隐秘的细微差别是可能的,那么在动物磁气感应状态下又是什么情形? 在醒觉状态中觉察模糊印象,这已经是处于动物磁气感应状态。"可能存在从想象到想象沟通的信号和手段……它们特别适合于被称为动物磁气感应的身心状态。在这种状态下……许多在普通状态下微不足道或者不起作用的印象变得易于觉察,可以充当动物磁气治疗师与感应者沟通的信号或手段。"

动物磁气感应状态将在普通状态下一直潜藏的相互印象变得可以感知,所以只是构成——往往在我们不知不觉中——所有人际关系的线络的显像剂。影响不过是一种持久、普遍的沟通的暂时、有限的表现。当某个人或团体隐秘地作用于另一人或团体时,"影响"一词确实会被提及。它被赋予陌生的特点,因为它闯入了另一种让我们习以为常的沟通中,而对后者具有最大作用的乃是意向性(intentionalité)。可这是一种错误的看法。影响不会停止,因为我们连续不断地传递和接收我们印象和情感的信号,因为我们每时每刻都在主动和被动地参与赋予我们个性的关系网络。按照这样的理解,影响应该被定义成所有可能的沟通的背景或基础。

因为意志和意志、理智和理智之间没有什么沟通不是经过这一不可或缺的中介进行的。或许可以抛开这个媒介,只要把人变成接收和执行指令——而不是作为人参与其中——的机器。这样的事可能出现，不过那时就不再有严格意义上的人的沟通。这是独裁者能够拥有的影响。如果某一个体有力量产生影响，以人的方式进行沟通，这只能通过把握、模仿和再现被他体验到的基本情感印象——他推想它们类似于被他施加力量的对象的情感印象——的能力实现。

由此产生了下列悖论：人类沟通的本质不属于被视作专属人类的范畴，即理智和意志的范畴。沟通要么建立在印象和想象的基础之上，要么通过无人性的设置在独裁政治中扭曲变形。但在这两种情况下，人类的尊严和胜过其他物种的优势不是被置于次要的位置上，就是受到轻视，以致被排除在外。要施加影响即进行沟通，人类只能在恢复动物本能的非人性和用自动机械装置代替生物的无人性之中作出抉择。

古代文化认为，世上各种形式的存在都可以掌握有关其未来的线索，我们离这样的文化很遥远了。现在讨论的只是人类能够互相显示的信号。对人为引发危象的神示预测，曼恩·德·比朗代之以解读躯体征象——它们是印象的表现——的推断预测。无论如何，被如此解释的动物磁气说在西方个人主义的影响范围内深入人心。每个人都是与众不同的个体，都有足够的自身机能，这是明显的事实。随之而来的关系之谜：这类单子怎么能进行沟通，尤其是在它们不得不抛开对它们最为宝贵的、对它们建立个性看起来必不可少的部分的时候？

黑格尔也在其辉煌时代遇到了动物磁气说,他试图在其《哲学全书》(*Encyclopédie philosophique*)中为它保留一席之地,结果却走上了一条方向截然相反的道路。实际上,他认为有一个区别尚不真切的状态。对他而言,动物磁气感应状态是一种病,在"我的灵魂方面的存在和我的清醒的存在之间、在我的感觉的自然活力和我的理智的意识之间[①]"造成了破裂。不过,因为每个人自身都包含这两个部分,都有可能产生这种状态,所以都能够回归感觉灵魂的状态。在感觉灵魂的状态下,人不再与时间或空间相联,因为时空的构成必须始终以理智的意识活动为前提。实体性的活力不知道客体世界的外在性;它也不了解沟通,因为它不能拒绝外来力量。"灵魂是渗透一切的东西,而不只是在一个特殊个体中实存着的东西……必须理解为全然普遍的东西[②]。"

人类有一个部分,个体能够通过它直接感应另一个体的

[①] 《全集——哲学全书》(*Encyclopédie des sciences philosophiques*, *o.c.*),第483 页。(引文摘自黑格尔的《精神哲学——哲学全书·第三部分》,杨祖陶译,人民出版社,2006 年,第 153 页。——译注)

[②] 同上,第 475 页。(引文摘自黑格尔的《精神哲学——哲学全书·第三部分》,前揭,第 144 页。——译注)

生命,因为他已经是这个生命。所以当"被施行动物磁气疗法的人沉入其包裹起来了的、无区别的自然生命的状态,即睡眠①"时,他能够千里视,即不受时空限制地看。在动物磁气治疗者的问询下,感应者"谈起他们的理智意识就好像是在谈起一个别的人",或者能够"对他们的身体状况和他们的精神内心"作出说明。此时他们堪与动物相比,"因为动物由于它们的本能而被教会了对它们有治疗作用的东西②"。不过,就像在人为引起的神示预测中一样,他们往往需要诠释者。

如果动物磁气治疗师和感应者之间建立的紧密联系可以成为某种知的传递机会,那么处于动物磁气感应状态、出让自由和意志的人的极度依赖就能令其"像一个娇生惯养的孩子那样放纵自己所有的脾气,得到种种最奇怪的想法,无意识地开治疗者的玩笑,并因而妨碍了对自己的治疗③。"

治疗究竟是什么? 正如医药疗法通过排除"对于动物性生命的同一性"的妨碍和"恢复机体内部的流动性"见效,动物

---

① 《全集——哲学全书》,前揭,第 486 页。(引文摘自黑格尔的《精神哲学——哲学全书·第三部分》,前揭,第 157 页。——译注)

② 同上,第 487—488 页。(引文摘自黑格尔的《精神哲学——哲学全书·第三部分》,前揭,第 158—159 页。——译注)

③ 同上,第 490 页。(引文摘自黑格尔的《精神哲学——哲学全书·第三部分》,前揭,第 161 页。——译注)

磁气感应的昏睡使个体生命回归"它的简单的普遍性",使整个人恢复"生命的实体性的总体与和谐①"。但危险依然存在:感觉生命的极端集中会使人分裂。

因此,要完成治疗,就不能停留在生命的无区别状态上。就像黑格尔指出的那样,为避免争论,麦斯麦企图不用清晰发出的声音,但这只能导致"疯狂②"。根据灵魂的假说,始终需要语词将沟通中不专属人类的部分说出来,需要运用语言成就人的沟通。反之,语词如果不回到无区别、混乱、非分离的体验中,就没有任何意义。"这就需要人以精神、以心和灵魂——简而言之,以其全部存在——对待事物,人必须处于事物的中心且听其自便。只有当对对象实体的直觉稳固地构成思维的基础时,人们才能——不脱离真实地——发展到思考扎根于这一实体,但与之分离就变得毫无价值的特殊东西③。"

通过黑格尔和曼恩·德·比朗的阐释,从此以后我们面临两种类型的探索。要么直接重拾动物磁气经验的路线,参

---

① 《全集——哲学全书》,前揭,(引文摘自黑格尔的《精神哲学——哲学全书·第三部分》,前揭,第162页。——译注)

② 同上,第560页。((引文摘自黑格尔的《精神哲学——哲学全书·第三部分》,前揭,第288页。——译注)

③ 同上,第551页。(引文摘自黑格尔的《精神哲学——哲学全书·第三部分》,前揭,第262、263页。——译注)

合心理分析的发现和催眠实践的新发展看它今天能够变成什么。催眠最终看来显示着个体从属于整个生物世界的状态。它不应再被称为催眠,即睡眠,而应被称作有生命的存在物的苏醒 *bioégrêgorie* 或是身体的醒觉 *somatoégrêgorêsis*。这两个词大概有朝一日会被人接受。要么观察人类特有的沟通方式,从中找出可能的条件,记住语言沟通必须始终以先于语言和先于人类的背景为前提。在这些尝试后面出现的问题正是人类选择的性质和限制,因为不可能不倾听从岁月深处向我们传来的回声——它命令我们思考:占测对我们来说变成了什么。

4. 身体的醒觉

作为心理分析界的一员，对催眠产生兴趣是自戕之举。催眠一词不应被提及，而且就算被说起，它也只能被当作不再有实用价值的对象之一，被当作用于反衬我们正统的老古董。若干年前，一位心理分析女学者就这个主题举办了一场讲座。有人问她是否体验过催眠，她骄傲地回答：她的伦理不容许她这么做。要在聋子——他们如果奇迹般地恢复听力，说不定会不知所措——当中保住成功的职业生涯，这番话是必须说的。

这种不信任由来已久。弗洛伊德已从被他用催眠治愈的一位女士那里获知情由。她向他解释了为何不能感谢他："在我拥有全部意志力量却无能为力时，某种像催眠一样的东西能够起作用，我对看到这样的事情感到羞愧①"。费伦齐和他的某些追随者竭力拿出显著事实供心理分析学家思考，后者

---

① 《一个催眠疗愈的案例》(*Un cas de guérison hypnotique*)，见《结果、思想、问题》(*Résultats, idées, problèmes*)，第1部：1890—1920，法国大学出版社，1984年，第35页。

却固执地避而不看,这难道不是出于同样的原因①? 或许由此遭到质疑的不是他们的意志力量,而是属于同一范畴的、他们的理智——换而言之,就是将他们的技术归结为自由联想和解析之力的意图——力量。他们愿意相信无意识和它的计谋,但条件是最高的效能得归于意识化。人类对其至高无上的灵魂的信仰遭到否定,这一耻辱只不过持续了很短的时间②,因为摆脱驱动力的控制是可能做到的,因为心理分析已经或即将成为一门科学!

如果抨击官僚主义者的回避和被大师界定的反动尚属易事,那么置身催眠之中,并令人怀疑它对实践的重大意义则要困难得多,因为它的独创性总让所有试图写出论证文字的人灰心失望。原因既简单又令人惊讶:催眠显示人类本质性的东西,显示人类作为在关系中的有生命的存在物的特点,但这些完全不是被习惯于当作人类特质的东西。使人类区别于其它物种的正是理智、思考、判断、意志的高级能力,可恰恰是它们的暂时中断显示出它们赖以存在的力量。如果不是先有在人类不知不觉中持续的生命,那么理智将无所依存。理智本

---

① 对这个故事的详细描述可参阅莱昂·切尔托克、伊莎贝尔·斯腾格的《心和理性——有争议的催眠:从拉瓦锡到拉康》,前揭,尤其是第 2 章。

② 《心理分析的一个难点》(*Eine Schwierigkeit der Psychoanalyse*),《德文版全集》,12,第 8 页;《英译标准版全集》,17,第 142 页。

身不是人类生命的源头,这一事实具有始终不为人知,却又无限大的意义。如果没有睡眠,醒觉也不过是一种幻觉。

我们忘了一件事,那就是我们甚至且尤其在学会分析自己的梦之后仍在昏睡。当弗洛伊德试图把变幻不定、祖先传留的梦的线索转化成一门真正的梦的科学时,他的天才在我们的文化中展露无遗。但在这个过程中,他只考虑了睡眠的醒觉部分;因为这一部分可被描述,所以它使神秘的色彩消退,而且看起来使控制的范围扩大。他将明白易懂的语言赋予灵魂,将它从隐秘的深处拽了出来,但也可能因这种方法而不再关注睡眠严格意义上的夜晚部分——即使不把它当作可忽略不计的黑暗。在斯芬克司(Sphinx①)提出的两个谜语中,俄狄浦斯(Œdipe②)不曾细想的第二个谜语将白天和黑夜说成一对相互孕育的姐妹,即人类现实不可分割、价值相等的两个侧面,这难道不能说明这一问题? 同样,用自由联想代替催眠作为分析治疗的基础,这等于仅仅关注黑夜展现给白天的那一面。

这就是催眠为什么必须被放弃的原因:它是相反的、清醒的睡眠的标志。即使这一状态有时表现出睡眠的样子(例如

---

① 希腊神话中的狮身人面怪,拦住路人令其猜谜,猜不中者就会被它吃掉。——译注

② 希腊神话中弑父娶母的悲剧人物。——译注

停滞不动,对于外部世界的相对无知,对于时间的不知等),它的生理特性也与醒觉的并无不同①。难道不是这一点把阐述催眠的工作变成棘手的问题,甚至是难以逾越的障碍?如何采用夜晚的观点,却要它被白天理解?如何将属于另一范畴的情感世界纳入表象的语言②?如何用不连续的语言表达属于连续的生命的东西?

　　这些基本难题并不意味着无法对催眠提出任何看法。情况其至正好相反,这恰恰是因为即使催眠是睡眠某些部分的呈现,它也依然是醒觉状态的体验。它从来不曾停止醒觉,即使醒觉从体验中记录的内容可被遗忘,即使恍惚的深度可达到所有意识看起来都消失的地步。因为对接受的意念印象深刻,所以那些开始体验催眠的人事后认为自己没有被真正地催眠,理由是他们从未丧失对所发生之事的意识。如果意识显然在催眠状态下遭到更改或受到限制,那么丧失意识既毫无必要,也不会在任何方面成为催眠体验的条件。无论如何,

---

　　① 莱昂·切尔托克,《催眠》(*L'Hypnose*),"帕约"小丛书(Petite Bibliothèque Payot),1965年,1989年,第69—70页。

　　② 米歇尔·亨利(Michel Henry),《心理分析系谱学》(*Généalogie de la psychanalyse*),法国大学出版社,"厄庇米修斯"(Epiméthée)系列,1985年:即使我没有更加明显,更加频繁地参考此书,即使由于不属同一领域,我不能容许自己求助于它,它还是使我受益匪浅。(米歇尔·亨利[1922—2002],法国哲学家和小说家。——译注)

正是维持一定程度、一定形式的醒觉,使得催眠既可能又不可能被描述。

　　我在催眠领域的体验相当有限,因为这种体验是后文感想的来源和完全决定因素,所以对它的引证最好也尽可能地清楚。首先是第一次体验。当时我和一个小组一起听一位受教于米尔顿·艾瑞克森的美国催眠治疗师的讲座,并且担任了志愿者。我毫无困难地让眼皮变得沉重,将暗示给我的图像视为实在。那次的内容是慢慢走下楼梯,在路上行走。在第一次体验中,被我当作关键记住的正是沉重感和轻松感的共存。沉重完全可与一种自恋性兴奋(élation)现象并存。此后我常常认为自己在那里做了质量的实验:有一种重量可以摆脱万有引力。从那时开始,我经常在催眠状态下重新发现或使人体验到同样的双重感觉。或许因为显而易见的、纯属权宜之计的原因,我倾向于增加这种自相矛盾的印象的重要性。不过,它在我看来是上千个说明催眠体验特征的例证之一,这种特征就是诸如热和冷、软和硬、暗和亮、限制空间和开放空间、感觉过敏和感觉丧失、沟通和封闭、专注和松弛、注意和分心等相反特质的并存或统一。催眠状态不属于时间和空间的范畴,这是第一个不得不接受的结论。

　　另外一次,我参加了一个请到另一名受教于艾瑞克森的美国催眠治疗师的小组①。这位催眠师先介绍了一个案例，然后提议我们做一场集体催眠。我一点都不记得她用什么语言将我们导入催眠或使我们保持催眠状态。我所记得的是，那是一段非常难受的经历:感觉恐惧，但没有任何具体的图像或文字内容，唯一的可能就是将这种感觉降低到使之中断或者相反，让它重新加强的程度。我也许不会重视这次体验，如果这一晚不是标志着对一位非常亲密的人的哀悼结束——我几个月来一直沉湎其中，无法自拔，但是经过这场催眠之后，哀悼就不再与任何痛苦、任何死亡诱惑联系在一起了。

这就是事实及其基本描述。我还可以补充一点:我不认识这位心理治疗师，此后也再未与她相遇。我不曾和她说过话，她也不可能单独对我的意向做出任何暗示，因为她的催眠面向整个小组。甚至我本人都不知道自己带着当下的痛苦完成了这次体验，因为只有在随后的日子中，我才有机会看到这场催眠的结果。我由此推断——不过这可能是个过于仓促的结论——催眠本身能够疗愈，仅仅通过体验与某种痛苦相联的恐惧，伤口就可以愈合。

如果催眠这一清醒的睡眠状态不能透露它的秘密——这

---

① 这些聚会都在朱迪特·弗莱斯家中举行，她已经开始并连续不断地把艾瑞克森式催眠和各种与之有关的技术传授给我和其他几个人。

114

可能是生命本身的秘密——那么人们就无法禁止自己对它的本质作出种种揣测①，从而使自己经历的现象变得稍微可以理解。举例而言，人们可能认为症状是某种隔离的产物，而催眠消除了理智所特有的区分，重新将症状元素置于灵魂生命的整体中，使它恢复自己在这个整体中的相对位置，不再被隔离。催眠是一种状态，有生命的存在物的整体借此恢复对于一度与其分离的元素的权利。这是一种解释，说明催眠状态——当它形成时——凭借本身重铸个性，因此它能够消解症状，打破阻止生命循环的障碍②。

在催眠状态下被体验到的不只是这样或那样的感受（譬如此处的恐惧），还有种种印象、感觉或图像。它们能够从远近不一的过去、当下或是纯粹的幻觉中涌出。有一点比什么都重要：它们通过随着个体可承受的内容变化而变化的时间和强度，显示此刻摆在个体面前的关键问题——困住他的重复、令他筋疲力尽的内心冲突、使他畏惧却又不可避免的分

---

① "每个解释都是一种假设。"维特根斯坦（Wittgenstein），《对弗雷泽〈金枝〉的评论》（*Remarques sur le « Rameau d'or » de Frazer*），人类时代出版社（L'Âge d'homme），1982 年，第 15 页。（维特根斯坦［1889—1951］，英国著名哲学家、数理逻辑学家、语言哲学的奠基人。弗雷泽［Frazer, 1854—1941］，英国社会人类学家、神话学和比较宗教教学的先驱。——译注）

② 这是黑格尔在其《全集——哲学全书》之《精神哲学》中详述的概念。只有他和曼恩·德·比朗理解了动物磁气说的意义和重要性。

离。对改变这种情境的阻抗也立即随之出现,它常常表现为结束催眠体验的愿望或将这一愿望立即付诸实施的行动。对催眠的阻抗就是对改变基本症状的阻抗。或许可以想出许多假设来解释这些现象。最简单的假设——就像已经在前文暗示的——不就是说:催眠状态有利于新生命的循环,使独立和沟通可能同时实现,因某些需要被创造出来的症状却希望保持分离。使催眠持续,这就可能眼见症状消失,但这样的消失既仍然无法实现,也难以被人接受。障碍必须被分成几个部分,以便逐一解决。

这些描述对催眠出现的情境和催眠师的作用未置一词。在探讨这些问题之前,必须仔细辨别催眠状态和暗示行为。要在这方面理出一点头绪,就必须作出一系列区分。如果暗示是催眠师用以引起催眠状态的行为,那么显然它不能解释这种状态,因为创造某种情境的手段在任何情况下都不能等同于这种情境。即使暗示包括催眠师用来消除症状的语言,亦是如此。无论这样的指令是否达到预期的目的,它都不能解释被它当作先决条件的催眠状态。虽然暗示和催眠之间的差别显而易见,但是二者的混淆不断出现在从前有关催眠的文献或后来对其的普及之中。这也许得归咎于伯恩海姆的固执,他总想把催眠简化成暗示感受性,却不愿——就像弗洛伊德指责他的那样——思索后者的本质。然而,弗洛伊德本人不也为这一混淆的持续推波助澜,因为他将暗示作为催眠治疗唯一可能的作用力,并在分析治疗中赋予它不容忽视的地位[①]?

反对的意见颇为中肯:暗示感受性不是暗示,也就是说接受状态(réceptivité)不是造成这种状态的指令。那么暗示感受性和催眠又会是什么样的关系?为了引发这一清醒的睡眠状态,意识和意志都得暂时中断。这使人能够明白一点:若是没有高级能力构成的过滤器,个体将立即变得易于接受各种触及他的感觉。所以,暗示感受性不但是这种状态的结果,而且是它的特征之一。但这并不是它的定义,因为催眠师始终注意到:不可能使被催眠的人什么都信或什么都做。这样的阻抗不能被视为催眠的缺陷或催眠不充分的迹象,它是催眠状态本身的组成部分。

只要施行过催眠,就可以知道这一点:每个病人——如果我们花功夫听他说话——都只接受适合他的或他可以承受的暗示。在催眠状态下警戒和活跃的乃是个体的整个心理生

---

① "催眠真正的治疗价值在于趁催眠之际所做的暗示"。《催眠》(*Hypnose*,1891年),米凯尔·博尔奇-雅各布森及其他人翻译,未出版,第134页;《英译标准版全集》,前揭,1,第111页。另外在1912年,对于《移情的动力学》(*La dynamique du transfert*),他承认心理分析的成功建立在暗示的基础上,除了暗示经过移情这一区别——但这是一种区别么?——以外。《德文版全集》,前揭,8,第371—372页;《英译标准版全集》,前揭,12,第105—106页。

命,即黑格尔所说的感觉灵魂。这种灵魂具有自己的生命,自己的怪癖,自己的特点。只能通过顺应它的个性和当下活动触动它。被催眠的人往往按照他当前关心的事和当下的可能性转变暗示。弗洛伊德有过这种经历:他治愈了一名不能为宝宝哺乳的少妇,后者转移了给新生儿哺乳的直接暗示,使之指向自己的厌食症,继而又让它从厌食症转到自己和父母的关系上。

这就证明一点:如果催眠与暗示感受性具有某种关联,那么它与暗示感受性的对立面——拒绝,或(更好的是)让催眠师的意愿无法随意改变具有个性的有机组织——也同样具有关联。对改变的阻抗的特殊形式是当前特有极限的指示记号(index),但它同时也是作用点或改变的可能所循途径的指示记号。

举例而言,有个人每每遇到气恼之事,就把哮喘当成避难所。即使在催眠状态下暗示他放弃这种办法,哮喘也显得像是一位保护他、一时无法分离的朋友。经过一次又一次催眠,真相逐渐显露:这一形式的症状在他的童年时期形成,起因是他无法主动对父母的压力作出反应。可这个孩子此刻仍然僵滞着,不想动弹。治疗师发现,他之所以呆滞不动,是因为害怕没有做好准备承受父亲暴怒的声音。在这个案例中,正是这种声音能够被逐渐拉开距离,使他可能对之作出反应。到了不再害怕的那一天,这个孩子就愿意长大,愿意面对周围的敌意,也就是说愿意显示自己的独立存在,而不需折腾自己的呼吸。

从这个例子可以看出,催眠使人能够由症状转入深层冲突,经过层层置换,用倒退法回溯到可以丢掉令人痛苦的父亲保护并实现分离为止。治疗师的任务就是让自己逐渐、迂回地受图像、感受或印象的引导,让它们一直把他带到改变可能实现的地方。他在催眠状态下逐步暗示的正是恢复前一阶段的图像、感受或印象,使病人能够更加精确地确定什么对他来说还是受不了或做不到的,使他为自己的生活找到向可能性开放的所在。总是自诩为命运参与者的病人在此处凭借自身力量建立新的状态,随后即可沿原路返回。

如果催眠旨在获得立竿见影的、治疗师期望的效果,却不考虑病人多方面的特定情况,那么它是粗暴的。这是一种短路。正因为如此,人们看到它的效果短暂①,这被当作反对运

---

① 催眠让理智、思考力和决断力入睡。它要么被用来发掘个体或团体本身独特的生命潜能,使他们能够获得更多的理智、思考力和决断力;要么被用来扼杀这种固有的生命,因为它用一种伪理智和伪思考力——简而言之就是宣传——遮蔽这种生命。令群众服从领袖的催眠就属于后者。它不持久(它也无须持久,如果人类少一点疯狂的味道)。人们已能看到,看起来一直都在制造奴隶的帝国在顷刻间瓦解。催眠确实从根本上被用来麻痹群众,使他们期待其他的前景;但是它的效力不能持久,因为它对一个民族肉体默契的噪音、乐音和音乐——人们可称之为该民族的文化——置若罔闻。

用催眠的关键意见之一。这是最起码要发生的事,因为当事人想达到目的,却不经过使他能够实现目标的途径。一切发生得就像要种树,却特意预先切除树根一样。所以,应该受到指责的不是催眠,而是急躁的催眠运用方法,后者看起来夹杂着充当全能者的企图。

相反,如果催眠是一次微妙对话的机会——一方是治疗师,他做好准备面对各种必要的迂回,不会猛然冲向被表露的摆脱症状的愿望;另一方是病人,他必须获得足以体验自身人为之力被驳回的勇气,必须获得足以拒绝走向今天既没有力量,也没有欲望前往的地方的自由——那么对于所谓有害的体验结果就没有什么好担心的了。这一点必须在后文再作讨论,不过现在已经可以指出的是:因为这种疗法基于如此界定的关系上,所以催眠的程度越深,自由的力量就越大。

有一个问题被回避了,那就是如何获得催眠状态。回答只需一句话:通过持续的、诱发混乱的注意。催眠师要求病人全神贯注于自己身体的某个部分,自己的呼吸,空间的某个质点或某个字,某个意念等。重要的是最大程度地关注这个对象,以至对被催眠的人而言,自己和这一对象之间的区别不复存在。从某种意义上说,外部世界的消失是为了分散注意。

可能有人要反对:所有的专心现象都会产生同样的分心效应。关于这一点,有一个著名的故事:一位学者在马路上一边散步一边专心致志地解数学题,他从口袋中取出一支粉笔,将一辆出租马车的后厢壁当作黑板。马车开动后,他先是步行,继而奔跑,始终追随马车,不间断地进行演算。他的专注导致他进入一种最滑稽的分心状态。

催眠中的情况并非如此,因为注意在催眠中不与某种思维活动相联,因为用来集中注意的对象不需任何转变、理解或思考。对被催眠的人来说,他全神贯注的对象最终消失了。他不再想自己的呼吸或被放在桌角的那本书,因为他的意识仿佛消失了。这与在那位既聚精会神,又心不在焉的学者身上发生的事正好相反。意识思维的活动受到抑制后,人体验到的就是精神混乱。由于这种意识的混乱,注意就被投向在日常生活中不被意识到的事物:要么是内部现象,例如图像、感受、感觉;要么是外部现象,比如模糊知觉——人在醒觉中往往忽视对它的辨认。

经由催眠获得的精神混乱和学者心无旁物的专心致志截然相反,但这不应导致用魔法来解释前者。所有的发明——即使是最无关紧要的——都意味着经历某种混乱,意味着放弃关注确知的事物,意味着心不在焉,转而重视至彼时为止未受任何关注的现象、知觉或念头。发明的酝酿期不可避免地具有不明所以的特征,因为这一特征,从不相联的元素如今不可避免地被联系在一起。那些在意识的注意中保持分离的事物,混乱能将它们重新聚合。因此,所有的创造都意味着经历一种类似催眠的状态①。为什么不反过来大胆地说:设计巧妙的催眠可被当作创造的温床?

注意在催眠中指向何方?要回答这个问题,可将记忆分成三种。第一种记忆是被有意识学得的,被认为仍然受到意识回忆的支配。保持或克服遗忘的机制已能借助——正如弗洛伊德指出的——不只属于意识的情感元素。第二种记忆也是被我们有意识学得的,但它不再需要被意识到,抑或一旦被意识到,它就会干扰行动。任何一项技能的入门都属于这一类记忆。我们学会了阅读写作,但在阅读写作时,我们完成动作的意识却损害了对文本的理解或创作。凡是需要化为动作的学习都是如此。一个细木工匠学徒要是琢磨起了拿刨子的技巧,就会又变得笨手笨脚。

最后是我们在一种自发模仿过程中不知不觉学得的记忆,包括从我们走路、吃饭、穿衣到说话、思考、哭笑的方式。所有这些被我们掌握,却不为我们理解的特点,它们都是我们的文化、我们出生和成长的小环境的特有产物,被不知不觉地铭刻到我们的思想、灵魂和身体内。它们无时无刻不在我们

---

① 例如曼恩·德·比朗,他将发明心理置于梦的形成与梦行之间。(《贝尔热拉克医学协会讲话》,《全集》,第97页)

各种行事方式中留下印记。

所以，它们既构成我们个性的特征，又使我们能够与他人和外界沟通。因为我们每个人都只是某张网上的联结点，试图分开属于我们本身的和业已传递给我们的东西，这种做法堪称徒劳。同样，试图区分某种只与我们本身相关的内在和我们属于集体的行为举止，这种做法也毫无益处。因为我们向来只拥有周围环境教给我们的、记录在我们身上的感受、感觉和思想。我们不过是多种力量合成的结果。构成我们本质的社会文化结构的纵横线络相互交错，既构成这个特定点，又织就整张网。我们身上最不可侵犯的已经且历来是关系结构。

凭借暂时中断理智和意志的混乱，催眠显示出醒觉状态不容许人关注的个体关系结构。它就是人们起初看到的一种清醒的睡眠状态。不过，现在我们可将更加准确的意思赋予这一定义。催眠看起来像睡眠，这仅仅是因为我们不能从意识以外的角度来看待醒觉。事实上，催眠容许显示持续的醒觉，因为它在人类被意识忽略的这一部分中不断地活跃着。正因为如此，催眠能够揭示个体的关系系统——只要个体建立了这一系统——最独特的特征，同时避开它的控制和觉察。

这种醒觉是身体的醒觉——不是生理学意义上的身体，

而是记录每个人特有的关系系统的结构。也许没有必要为它命名，因为每当这么做的时候，有的人会特别关注某个单一方面，忽视其他方面。它对某些人而言是灵魂，但灵魂在我们的传统中有一丝难以消除的宗教意味，而且倾向于与它被假定具有的、功能只是赋予生命的身体相互对立。到了更近的年代，心理现象被看成一种现实，被设想成一个具有机制的装置，但这种看法却造成与身体、他人的链接的双重缺失。既然我们正是凭借身体成为可见的个体，也正是凭借身体处于关系之中，假如必须用一个词让人理解由前文得出的另一重点，难道它不可被称为"个体的社会身体"？

为什么催眠如此令人害怕？或许是因为它必须以失去控制为前提。除非催眠是某种大得多的情境的普通迹象，否则，这个解释看起来并不充分。失去意识的控制之所以令人如此惧怕，是因为一旦意识被暂时中断，我们将面对难以名状之物。我们的文化似乎无法从其它角度看待此物。要解释它，只需在那些被我们称为极限体验的不同形式的东西——神秘主义、酷刑折磨、精神错乱——上花点功夫就够了。神秘主义者——即使他的形象随着时间、地点千变万化——仿佛越过自我的边界，发现彻底剖析的虚无，随后留在尘世之外。在酷刑折磨下，囚犯失去了所有使其成为人的特点，首先就是最基本的独立；他在最好的情况下也只能通过幻想过去的某些幸福时光来防御死亡。至于精神病患者,他失去自控,具有某种模糊不清的多元性(pluralité)。所有这些体验都有这样的特点:既与社会切断链接(通过完全隔离),又与身体切断链接(身体对神秘主义者而言没有意义,对受酷刑折磨的人而言失却人性,对疯子而言不可能存在)。我们的文化强调这类体验的价值,因为它们准确地展现出它的界限,显示出什么可以容许它进行自我超越或自我更新。它被它的彼界纠缠着,却没办法赋予后者某种内容。从我们文化的角度来看,一旦远离意识(或是理智,或是理性)之岸,似乎就只能留下虚空。因为它确信最高的价值在于控制、力量、清晰或光明的主导,说到底便是完全的醒觉状态。

一切不可通过语言理解的东西之所以都被当成虚无,大概是因为我们不能理解自己生活在两种不同的状态下:理智特有的非连续性状态和始终在关系中、不断感应的生物的连续性状态。催眠追求的是提供一种含有实在性的极限体验,因为它展现出人类的另一侧面:这个侧面永远先于主体和客体的区分,它的存在不需要主体和客体的区分。

也许应该请对人类这一维度敏感的艺术家和诗人来教导我们。下面就是马蒂斯(Henri Matisse)对自己发现肖像画艺术奥秘的描述:

在肖像画的研究中,赋予画作生机的灵感在我想念母亲的时候突然降临。当时我在皮卡第(Picardie①)的一家邮局中等电话。为了打发时间,我拿起一张被散放在桌上的电报纸,用钢笔在上面勾画一个女人头像。我心不在焉地画着,钢笔按照自己的意志移动,而我惊讶地认出了母亲的面容;它带有一切细微的特征:我的母亲脸形宽大,具有法国佛兰德斯人(Flandre②)的鲜明特点。

当时我是一名勤奋学习"传统"画的学生,愿意相信学校的准则。这些东西是在我们之前的老师教学的糟粕,简而言之是传统中死去的部分。在它们那里,所有不是根据实物观察得到的东西,所有来自感受或记忆的东西都被轻视,被称为"假货"。我受到了钢笔的启示,领悟到构图的心灵应当为所选的要素保留某种童真,应当抛弃通过推理产生的东西。

在邮局获得灵感之前,我经常通过某种纲要式的线描开始习作,以冷静的意识表现某个模特儿在我身上引起诠释兴趣的原因。但经过这次体验之后,我刚才讲到

---

① 法国大区名。——译注

② 法国佛兰德斯地区:历史地名,曾经的弗兰德伯国在法国境内部分。大致为今天法国诺尔大区北部的一半及加莱海峡大区的四个省份。——译注

的预备性线描从根本上被调整了。我清理、倒空了脑袋中的所有成见。接着，当我作预备性的描画时，我的手就只听从我无意识的、源自模特儿的感觉。我小心避免将意识的看法引入描绘，避免修改画中具体的错误。

几乎无意识地绘录模特儿的意味，这是每件艺术作品，特别是肖像画的初始行为。然后，理性就在那里进行控驭，使人可能用初稿作跳板重新构思。

这一切的结论就是：肖像画是最独特的艺术之一。它需要画家具有特殊的天赋，需要画家有能力与模特儿几乎完全融为一体。在模特儿面前，画家必须不抱先入为主的观念。所有出现在他心中的东西，都应该像在一片风景中所有涌向他的景物的气息：土地的气味，鲜花与游动的云彩、摇曳的树木、乡村的各种声响混合在一起的味道。

我只能说自己的经验，面对令我感兴趣的人，我手持画笔或炭棒，多少带一点意识地在纸上画他的样子。这容许我在平常的谈话中——在这个过程中，我要么自顾自地说，要么毫无异议地听别人说——任凭自己的观察力自由驰骋。在这种时刻，不可以问我确切的问题，哪怕是普通的问题——比如："几点了？"——也不行，因为我对模特儿的梦想、沉思会被打断，我努力的成果会受到严重损害①。

　　画家之所以摆脱了教给他的人造客观性，是因为他自发进入了一种真正的催眠状态。借助这种状态，他可能——仅仅是可能——将决定他整个生命，使他历来且永远与母亲保持联系的最初基本关系纳入自己的艺术之中。这使我们明白，唯有此处才是他的灵感源泉。接着，为了与他的模特儿建立关系，为了感应模特儿的特质，他清空脑袋中的"所有成见"，遵循"无意识感觉"的引导，剔除所有"意识的看法"，"无意识地"绘录"模特儿的意味"，系统地再现这一催眠状态。

　　他讲得再清楚不过了，沟通的奥秘，即创造的奥秘在于有能力将自己的注意或思想调离某个谈话的显明主题或某个程序的执行过程，使它们能够按照他非接受不可的无意识感觉进入顺从身体自发动作的状态。对于催眠治疗，大概没有办法提出比这更加精确的定义了。只需补充一点：将艺术家顺从手的自发动作改成顺从心灵的自发活动——后者能找出表

　　①　马蒂斯，《艺术论》(*Écrits et propos sur l'art*)，赫尔曼出版社(Hermann)，"知识"(Savoir)丛书，1972年，第177—179页。(马蒂斯[1869—1954]，法国著名画家、野兽派代表、现代艺术的领军人物。这段引文参照杰克·德·费拉姆[Jack D. Flam]编的《马蒂斯论艺术》[欧阳英译，河南美术出版社，1987年]第249—251页的译文译出。——译注)

现关系、表现在场之人特质的必要语词。这样的描述既适用于治疗师，也适用于病人。因为每个人都持续不断地作用于他人，譬如在此处，模特儿也可能反作用于画家不断反馈给她的知觉。

弗洛伊德在《梦的解析》第七章中用接受无意识、非故意的表象来定义自己的联想方法，如果记得这一点，就有理由认为：在分析中可能产生自由联想的条件不是别的，正是催眠状态。弗洛伊德及继其之后的心理分析都只愿关注意识，都希望摆脱催眠，但这只能让他的方法变得不易，或不能，或很少成功。如果确实同意恢复催眠，那也只是将现在是，并且将来始终是分析条件的部分还给分析。对于著名的自由滑翔式注意也应持同样的看法，它不过是心理分析师一方自由联想的必然结果。假如没有分析师置身其中，或应该置身其中的催眠状态，那么永远只有僵化的解析，永远只有如马蒂斯的二流画家般的虚假客观性，永远只有死气沉沉、无法创新的传统，也永远没有能力表达，或使人表达关系及因关系而发生的东西的特质。而且某种这样的东西之所以发生，是因为人在不知不觉或不想知觉的情况下进入了催眠状态。

因为不想运用催眠，因为不能理解催眠是沟通无法绕过的所在，所以心理分析，首先是弗洛伊德没有办法正确地建立移情的概念。移情只是模糊、变相地表现出他对催眠的思考的缺失。某些分析家周期性地承认"弗洛伊德的移情理论很不完善","它的情况仍然难以确定、含糊不清[①]"。但他们却不思考情况何以如此：例如弗洛伊德理论的唯我论是否存在问题，这种唯我论是否与对催眠的粗暴排斥存有关联。

毋庸置疑，发现移情对于理解在心理治疗中发生什么具有至关重要的意义。但怎么解释移情现象，如果——正如尚·拉普朗什（Jean Laplanche）注意到的[②]——弗洛伊德认为个体心理都是自我封闭的，除了极少数例外？弗洛伊德之所以有此看法，是因为他深信我们在无意识层面都是独一无二的个体，我们不是被我们所从属的网络个体化的一点。这一孤立个体的看法源自弗洛伊德的信念：我们无法走出表象的世界；正因为如此，他犹豫着是否将表象归入无意识。此外，由他明白虚构出来的驱动力本身也被个体化了。

若要了解移情现象的某些情况，就必须这么认为：在心理现象、灵魂或个体的社会身体的无意识层面，我们还不是个

---

① 彭塔力斯（J.-B. Pontalis），《法国心理分析协会会志》（*Bulletin de l'Association psychanalytique de France*），1969 年 4 月，第 5 期，第 8 页。这是 20 年前的事了。此后这个问题有无进展？（彭塔力斯[1924—2013]，法国哲学家、心理分析学家和作家，先后师从萨特和拉康。——译注）

② 《心理分析的新基础》（*Nouveaux fondements pour la psychanalyse*），法国大学出版社，1987 年，第 27—28 页。（尚·拉普朗什[1924—2012]，法国著名心理分析学家，法文版《弗洛伊德全集》学术主编。——译注）

体。主体和客体尚无区别。我们处于天人感应的状态，就像原始人被认为的那样——对原始人来说，一个人也是所有其他人，或是某种动物，或是某种植物，或是自然。换而言之，有一种连续体在被个体化的意识之下流动，沟通首先正是通过这种连续体成为可能。我们在严重的神经症患者、精神病患者身上或激情状态中可以清楚地看到这一点。在所有这些情况下，意识受到侵扰，不再发挥隔离作用，相异性也就不复存在，因为个体的界限被消除了。

值得注意的是，弗洛伊德只能通过与爱与情欲的对比来理解移情。在移情中——如同在精神病中——发生了什么？本应留在无意识中的连续体突然侵入意识的领地。弗洛伊德之所以无法换一种方式理解，不过是因为他只认可意识，而他的无意识只是意识的反面，因而与意识相似。他排斥催眠，所以无法进入人类的另一种存在状态。

在移情的描述中，弗洛伊德已经看到难题何在。他区分出轻度移情和消极的色情移情（即情欲的移情），前者依然处在无意识中，可能成为分析的依据，而后者则闯入意识，不能再被控制和运用。既然心理分析的目标是意识化，既然移情——就像有人常说的——应该受到分析，也就是说不仅对分析师，而且对病人都变得明白，那么突然出现在意识中的移情必然具有激情的特征，必然成为唯一值得关注的对象，必然拒绝任何不许令它满足的改变。因为激情——我再说一遍——只不过是从不辨你我的无意识连续体①到意识的过渡。

在运用催眠时,完全没有必要分析移情,因为注意不必被与治疗师的各种形式的关系占据。相反,这在分析中却是必不可少的,因为要揭示病人不断重复的关系型式,即其神经症的型式,移情关系是受到特别重视的手段,因为揭示真相也是分析的目标。米尔顿·艾瑞克森式催眠治疗的主要目标是将病人面对症状的被动转为主动。催眠只是病人体验当下情境,从而能够将它归于自造的所在。正如前文试图说明的,如果治疗工作的起始点始终是以种种变异形式呈现的症状、阻止症状消失的障碍、冲突和弗洛伊德所认为的阻抗,那么病人就会一直被要求承担治疗的责任。治疗师并不是在那里耐心地等待病人愿意自由联想,等待移情借助这一等待形成。他不停地引导病人走向自由,使病人现在尽可能地实现他所说的来访目的,即对他的生活进行改变。病人的注意首先不是指向治疗师,而是他应该完成的自身任务。病人并不认为治疗师——就像在分析中发生的——知道,也不使自己处于等

---

① 按照黑格尔的观点,感觉灵魂既是个体的,又是普遍的,原因只是感觉灵魂与理智完全相反,但已预示着理性。

待治疗师作出解析，为他揭示真相的状态。正是这种等待造成了种种错综复杂的移情现象。

可以用众所周知的症状处方语来概括催眠治疗的关键部分。如果不懂得它是我们能够赋予人类自由的最佳定义，这种方法肯定令人发笑。这箴言对那些使用面纱的人还有价值：顺着风才能驾驭风，它准确地描述了接受和决定的交替作用——这使人能够将命运变成故事。人不能凭匹夫之勇走出阴影。要想自由，人永远只能从这一点着手：确认自己所处的确切位置，非接受不可的迫切需要和限制，他所拥有的力量的状态，展现在他面前的、清楚且范围明确的可能性。

为自己的症状开处方，这首先是与症状链接，并以这种方式使它转变。只有在被容许保持隔离，被容许暗地里随意行动的前提下，症状才成其为症状。如果它不再被人被动地经受，如果它——即使是它的害处——被人作为必需之物主动决定，那么它就不得不停止自己的隐秘活动，不得不被重新引入整体之中，成为其诸多成分中的一分子。因为它不再被留给它本身，所以它必须融入生活的进程，而不是像从前那样为生活设置障碍。正如已被承认的错误催生真理，或如已被吸取的教训开辟成功之路，责任被承担的症状可以变成人的一个与众不同的特质或一股与所有其他力量合在一起的力量。

催眠之所以可贵，是因为它使人可能在与围绕症状的防御、阻抗和防御造成的冲突的联系中体验症状，是因为它凭借混乱使人体验到所有元素都相通的无意识连续体。从这个意义上可以说，催眠是自由的真正条件，因为它提供了自由必须接受、需要和决定的东西。催眠越是深、越是广，就越能从催眠体验中显示出组成结构——病人是它的一个交织点——的众多线络，因此它要向自由提供的，也是自由授予它的权力就越多，它也越能扩大自由的作用范围。

如果接受这一观点，即催眠容许个体感到自己是一个特定点——因为他是一张普遍的网，那么很容易就能从中得出这样的结论：催眠状态从一开始便是一种关系状态，即使在自我催眠的情况下，也只能在关系中并通过关系获得这种状态。由此可见，催眠师具有重要作用，因为他在互动中使病人可能体验、把握和承担自己的世界。

这不是又回到了构成心理分析中移情特征的东西上？这么说既对也不对。如果用这种方式表示分析者从分析师身上体验到的感受，或者反过来表示分析师在反移情中从分析者身上体验到的感受，那是不对的。移情在这种情况下妨碍对分析具有决定作用的回忆。如果表示爱，那也不对，因为病人对被爱毫不在意——这与某些人的看法正好相反。但是反之，如果这是弗洛伊德只在谈及从无意识到无意识的沟通之际提过一次的①,而分析文献不曾也无法详述的——尤其如果它仅仅关注明白的语言——东西,那就对了。

因为对治疗师而言,重要的是从处于催眠状态中或从经历催眠后的病人的言说、动作、姿势、语调中解读出所有必须向病人反馈的东西。反馈不是以解析或重新编码的形式,甚至也不是以解释或描述的形式进行,而是间接地——就像米尔顿·艾瑞克森那么巧妙地实现的那样——通过言说或动作进行,由病人从中自行选择他要的部分,按其所能作出反应。因为重要的不是病人的理解,而是病人能够按照自己的世界自主行动,是病人置身于作出现今适合自己的决定的过程中;所以与治疗师的关系只是一种迂回、一条绕行的长道,病人从一开始就要时刻学习没有这种关系也能应付。

因为病人越是依附生活——它是他的土壤——就越是自

---

① 《就心理分析治疗对医生的建议》(*Ratschläge für den Arzt bei der psychoanalytischen Behandlung*),《德文版全集》,12,第376—387页;《英译标准版全集》,第111—120页。海伦娜·朵伊契(Hélène Deutsch),《分析中的神秘过程》(*Processus occultes en cours d'analyse*),见《交锋》(*Confrontation*,法国1979—1989年的心理分析期刊),10,第27—38页。不过正好可以强调的是:要探讨这些问题,心理分析就不得不求助于神秘。弗洛伊德以为将所有这些现象都归结为不可思议的思想传输,就能轻而易举地摆脱这些问题。这是借鉴神秘的高明办法,但依然停留在思想领域。(海伦娜·朵伊契[1884—1982],奥地利-美国心理分析学家,也是第一位专门研究女性的心理分析学家。——译注)

由。他之所以不能获得自主,是因为缺乏他律。他没有充分地进入构成其根基的世界,进入这种混乱——在其中与一个更加广阔的整体连通,因此他本身也就更加个体化。抑或他没有不断地被引导着去将这种关系的个性在生活中化为行动。

5. 无意识:一种行为

虽然法国出现了一些新的心理疗法，20年来它们覆盖的范围也越来越广，但是心理分析——尽管遭到种种批判——继续享有远远凌驾于其它疗法之上的声誉和威望。那些为了更高效率而转向其他疗法的人——精神科医生当中有许多这样的人——也不否认它的优势，仍然对它尊重有加，而且任何攻击都无法真正地减少这种尊重。心理分析对他们试图采用的新技术不感兴趣，高傲地——为何不可？带有某种轻蔑地——将它们视作被它发展到极致的本领的初级手段，这种情况也被他们视为平常。

　　诚然，没有什么心理疗法像心理分析一样发展出一整套理论，而且这种理论的力量逐渐渗入文化的各个层面。没有什么像它那样成功地运用其发现使人普遍地接受解析，使人相信它说出了最复杂多变的领域——文学和电影、人种学和社会学、哲学和宗教——的真相。其他心理疗法都局限于自己的领域，甚至不曾想过要与这个帝国——它被建立得如此稳固——相匹敌。更确切地说，它们甚至为自己有与这位如此高贵的夫人平起平坐的念头而略感惭愧。不过，它们推崇心理分析不是没有理由的。它们不仅有实践上的理由,而且有理论上的理由,前者始终可以——确实如此——被交给普罗大众和所有通常被法国人认为不值一提的实用主义,而后者连最明智的心理分析学家都能够听取,甚至明确表述。

在《心理分析的新基础》(Nouveaux fondements pour la psychanalyse)中,当尚·拉普朗什试图建立泛化吸引(séduction généralisée)的理论时,他注意不将无意识当作确定无疑的东西,而是"在其最可证明的,或者更确切地说,最可示人的层面"看待心理分析的这一发现。为此,他对失误行为(acte manqué)提出了一种谨慎的解释:"实质是表露某种意思,而这个意思对那个在沟通之际传递它的人而言并不存在①。"

必须对行文中出现的这一跳跃稍作说明。我们从作为名词、被当作心理结构的无意识转到了对某种关系的描述上。这是怎么做到的? 要回答这个问题,首先必须思考无意识表示什么。有人已经指出②,这个转换而来的名词掩藏着一个

① 尚·拉普朗什,《心理分析的新基础》,前揭,"心理分析"丛书(Bibliothèque de psychanalyse),第 102 页。

② 我在此处只是非常简短地概括樊尚·德孔布(Vincent Descombes)《作为副词的无意识》(L'inconscient adverbial,见《批评》[Critique,译注,法国书评期刊],nᵒ449,1984 年 10 月,第 775—796 页)的关键几页。多亏与此文作者的数次交谈,我才能构思本书第 3、4 和 5 章。我还受益于他的诸多宝贵批评意见。(樊尚·德孔布[1943—],法国哲学家,主要研究语言哲学和心灵哲学。——译注)

副词。弗洛伊德的天才发现在于扩大"无意识"（inconscient）一词——到彼时为止，它一直被当作形容词使用——的副词意义。在"表象哲学传统里已成经典的学术用法[1]"中，形容词"无意识的"被用来表示当前没有出现在意识之中的所有内容。因此它只是意识的关联词。当弗洛伊德求助于无意识——那时已被名词化——的拓扑论时，他似乎为这个形容词增加了一层新的意思。不过，在对出现名词的语法形式展开更加精确的分析时，名词"在日常用语中很容易被人简化成诸如'不知不觉地'（sans le savoir）之类的副词[2]"。

　　这就可能导致几种结果。要说明在实践中发现的事实，名词不是非用不可的。如果保持天然状态，从日常惯例演变而来的无意识的物化并无危险，但如企图以此建立一门科学，即把无意识变成一种解释性原理，那么它就不再安全了。因为"心理分析学家希望无意识是一个'实体（entité）'，但它必然是一种个人的无意识[3]"，某一个体的无意识。这种无意识是从这一个体的行为动作推断出来的，因此不能同时被用来解释这些行为动作。

　　不过，如果可以通过言谈举止观察到某一个体的无意识，

<hr>

① 《批评》，前揭，第 781 页。
② 同上，第 782 页。
③ 同上，第 789 页。

那么完全有理由认为：我们不能再将他当成一个孤立个体，因为他最隐秘的思想感受始终指向他置身其中的诸多关系。无意识是个体的。这么说是为了证明将心理现象变成一个单子，将其全部机制归结为唯我论现象的理论。因此非常自然地，当尚·拉普朗什想将无意识变得"可以示人"时，他最终谈论的却是被传递的意思，即被传达给对话者的讯息。我们在后文会有机会再详述这一内容。此处只需强调一点即可：那些继心理分析之后的疗法在诞生之际没有遇到其他问题。

看起来可以放弃备受心理分析学家重视、被他们称为"无意识现实"的东西，或者至少可以把相信存在无意识的信念换成另一种说法，它应足以描述这种现象，而无需求助于认为某种潜藏的现实可能是其起因的假设。于是，失误行为成了一个说话者无意识地向另一说话者传送的讯息。这在本质上是一种沟通现象，因为它是在前一个说话者不知不觉的情况下产生的，而且不排除后一个说话者也未察觉的可能，所以它变得特别。这是一个人向另一人传达的意思，但它并不为双方察知。

失误行为不是唯一符合这类描述的现象。即使我们通常不曾注意到，人与人之间的所有关系都通过这类无意识讯息建立，对话者接连不断地发送这类讯息，并且接连不断地对之作出反应。这些讯息可以通过语言传递，但这么做毫无必要。

因为即使在运用语言的情况下，它们的传递媒介也往往是语言的附带物(抑扬顿挫、犹疑不决、匆忙急促)，或是语言的伴生物(动作、特别的呼吸、眼神)。如果用心描述和分析这种形式的对话，似乎可以放弃无意识的假设，甚至应该节省它的用途。

不过，这项工作已经被完成了——特别是通过格雷戈里·贝特森(Gregory Bateson)。他依据的是"被罗素(Russell①)称为逻辑类型理论的沟通理论。这种理论的中心论点是类别和其组成部分之间存在一种非连续性：类别无法成为其自身的组成部分，它的某一组成部分也不可能成为它，因为类别和其组成部分的用语不在同一抽象层级上②"。这些逻辑分型会在什么方面涉及沟通理论？它们使人不得不对沟通的层面作出区分。能够传递讯息的信号的逻辑类型低于能够区分讯息的信号的逻辑类型。举例而言，某些言谈动作或属争斗，或属游戏③。为了准确地对它们作出解释，必须传递不和这类言谈动作处于同一逻辑层面的信号，以便表明它们在何

---

① 罗素(1872—1970)，英国著名哲学家、数学家和逻辑学家。——译注

② 《迈向心智生态学》(*Vers une écologie de l'esprit*)，门槛出版社，1980年，第2部，第10页。

③ 同上，第1部，第209—224页。

种框架中被发送。如果这个框架不为对话者所知,他们就不可能明白何时是真正的争斗,何时是模拟的争斗。

然而,对这些现象的描述使我们发现了一个至关重要的事实。"在人类身上,有意义的讯息行为的形式化和分类的复杂程度非常之高,而且具有这一特点:可以表达如此重要的区分的词汇极为有限;因此,要沟通高度抽象而又极其重要的信息,就必须求助于非语言的手段:姿势、动作、面部表情、语调及背景①"。另外必须注意:处于这一沟通层面的讯息可能被人歪曲。于是就"面临一种奇特的现象:对这类信号的歪曲可以是无意识的。这既能在与自己的关系中发生(此时主体以隐喻游戏作幌子,向自己掩盖了真实的敌意),也能在与他人的关系中发生(无意识地歪曲对识别他人模式的信号的理解)。这样他就可能把羞怯当作轻蔑等等。说实话,大部分和以自身为参照有关的错误都属于这一类②。"

人际沟通的不同层面之所以不易显示,是因为这种沟通一直违反逻辑学家所说的规则。例如这种表述:"闹着玩地轻咬表示咬噬,但并不表示咬噬所表示的意思"。这样的句子对

---

① 《迈向心智生态学》,前揭,第 2 部,第 11 页。此处可以重新见到曼恩·德·比朗用"模糊知觉"一词,或使他能理解梦行现象的"印象"一词所表达的内容,它们以另一种形式出现。

② 同上,第 2 部,第 11—12 页。

逻辑类型理论而言是无法接受的,因为"表示"一词用于此处被视为同义词的两个不同抽象层级上。"表示的沟通——正如它是在人的层面上产生的——只有在决定词、句和客体、事件之间关系的元语言(但不以语言表达的)规则的复杂集合发展之后才可能进行。因此,宜于在先于人类和先于语言的层面再现这些元语言的和/或元沟通的规则的发展过程①"。贝特森甚至在注释中补充道:"这些元语言规则的语言表达仅在很久之后才出现,而且这只有在某种非语言表达的元语言规则发展之后才能产生。"

所以必须得出这样的结论:人的语言若要被理解,必须始终以某个先于人类和先于语言的无意识框架或背景为前提。所谓先于人类和先于语言,不是指某个隐秘而难以理解的领域。恰恰相反,如果这样的背景对于沟通的理解是不可或缺的,那么它本身就必须被传递。它的传递媒介是先于人类和先于语言的信号,它们不是别的,就是行为。因此,所有人际沟通中必然属于无意识的部分始终是表现出来的,哪怕这种表现通常不被注意。

贝特森的分析还启发我们换一种陌生的方式思考。举例而言,为了使人理解他所发现的"双重束缚"(double lien),他

---

① 《迈向心智生态学》,前揭,第 2 部,第 212 页。

是这么解释的：母亲开始体验到对宝宝的爱，但也可能因此感到自己处于危险中，所以她也体验到某种敌意。因为她不能承受这种敌意的行为，所以她必须装作爱。"母亲爱的行为只不过是其含有敌意的态度的注解，因为它是这种态度的补偿，故而属于与敌意行为不同的另一沟通范畴[①]。"

用不着进一步详述双重束缚的特点。所有被母亲体验到的感受都表现在她的行为——也可被说成信号或迹象——之中，这才是此处与我们有关的内容。即使孩子不从中得出使自己免于病态的结论，他也感知到母亲在矛盾中挣扎。他的感知媒介不是所用的语言，而是动作和态度，或是更加微妙的信号。充当语言的背景，赋予语言真情或假意的正是母亲的身体。换而言之，如果在沟通范畴中考虑这些感受，那就必须在这个范畴中看到相应的行为——要确定语词在关系中的意思，对这些行为的感知是必不可少的。一方面，没有什么内心状态不是某种关系的结果或原因，而这种关系的信号又是不能感知的；另一方面，内心活动不可避免地表露在信号中，始终为明白的语言充当框架。

当我们用形容词来描述一个人的特征时，情况亦是如此。我们会说譬如某人是"独立的"、"恶意的"、"疯狂的"、"细心的"、

---

① 《迈向心智生态学》，前揭，第2部，第21页。

"焦虑的"、"有暴露癖的"等等。正如贝特森注意到的,这些"被认为描述其特征的"形容词"实际上一点都不适用于个体,却适用于个体与其物理环境、人文环境的互动。没有人在虚空中是'机敏的'、'独立的'或'听天由命的'。被赋予个体的每种特征都不是这一个体的,反而更加符合发生在他与其他事物(或其他人)之间的东西①"。因此,个体心理所用的语词可被视为与环境互动的模型,或被看成作为学习结果的行为体系。

如果不被行为主义的思维模式摒弃,心理分析可以借鉴前文的某些内容。它的理论和实践——二者如此频繁地涉及俄狄浦斯情结的关系——可被认为包含在与沟通有关的主题之中。难道它不是在梦的解析中关注对 *psychê* 的形成起决定作用的各种人物,或是某一个体能够在其生活中扮演的不同角色? 它也相当了解:个体在整个生命中重复的某些关系形式,其模式是他在童年时期从与周围人有关的情境中学习得来的。个体内心最深处的东西也决定着他与世界、与他人的关系。弗洛伊德甚至提醒说——确实在心理分析的发现之前,在与行为主义迥然不同的背景之下——没有必要确定究竟是感情导致相应的行为,还是行为引起感情②。

---

① 《迈向心智生态学》,前揭,第 1 部,第 271 页。

② 《心理治疗(灵魂治疗)》(*Traitement psychique*[*traitement d'âme*]),见《结果、观念、问题》第 1 部:1890—1920 年,法国大学出版社,1984 年,第 1—23 页。

不过,这些观点尚未得出结论。"尽管有重要的发现,弗洛伊德还是缺乏一种沟通理论。如今他的学说早已被人接受,但心理分析却缺少一种手段来定义关于治疗师和被治疗者之间沟通的事情……个体意识到某些动力,而别的动力对他则是分离的,因而也是隐蔽的,同时它们又可被外界感知……对于向自己隐藏童年不被他人认可的人格侧面的个体来说,无意识便只以这副面目呈现。即使那些动力对这一个体是分离或隐蔽的,它们也能被经过训练的观察者看出,成为分析的对象①。"

人类学家爱德华·霍尔(Edward T. Hall)在此处只能借助一种体验,确切地说是试图忽略自身某一部分——周围人导致他排斥这一部分——的个体的体验来证明无意识的概念。难道他不是以此向我们提供证据,说明这是把心理分析置于沟通考量之外的理由之一? 举例而言,承认弗洛伊德"忽视——除了极少数例外——成人或更广泛地说,他人的无意识问题②",这就是同意 *psychê* 始终被看成一个单子。忽视他

---

① 爱德华·霍尔(Edward T. Hall),《无声的语言》(Le langage silencie-ux),门槛出版社,1984 年,第 79—80 页。(爱德华·霍尔[1914—2009],美国人类学家和跨文化研究者,被誉为第一个系统研究跨文化传播活动的人。——译注)

② 尚·拉普朗什,《全集》(o. c.),第 101 页。

人的无意识,这完全符合无意识一词的发明。因为肯定存在一个无意识,其目的已然是为了回避这一事实:适用于所有行为的形容词"无意识的"或副词"无意识地"都与他人建立关系。

心理分析的发现与释梦的发现联系在一起,这一事实对心理分析的命运产生了巨大的影响。因为梦在睡眠中产生,所以它的运作不考虑外部现实;因为它是——就像弗洛伊德继亚里士多德之后说的——"睡眠中的灵魂生命",所以它再现所有醒觉的沟通系统。因此,分析这类素材的释梦能够给我们造成错觉,让我们以为已经把人的机制解释透彻。

因为神经症对人而言也是一种超脱沟通需要而专心思考的方式,因为弗洛伊德的神经症理论按照它们与梦的相似之处发展而来①,所以弗洛伊德学说的唯我论并未被打破。接着,当把对心理分析的研究扩展到对原始社会或一般社会的研究时,被用来理解这些社会的也正是神经症患者的个体心理。《图腾与禁忌》(Totem et tabou)的副标题不正是"原始人和神经症患者灵魂生命的若干相似之处"? 弗洛伊德提到的特征本来能够使人不得不遵从社会生活组织的特殊性,但在

---

① 特别参阅《梦的解析》第 7 章,它完全建立在梦和神经症的对比基础上,对其中一项的理解不断影响到对另一项的理解,反之亦然。

这部作品中,没有什么特征不可以被理解力归结为个体、儿童——如果可能的话——的内心活动。

本来可以认为,对移情——正如弗洛伊德所言,病人对医生的这种格外亲密的关系——现象的分析将使单子越出本身之外。但移情被按照某种与现实无关,只与神经症患者幻想有关的幻想关系模式精心构想出来。最准确的弗洛伊德著作注释者在这方面的判断并没有错。为了分析移情,尚·拉普朗什在其关于移情的论著中提出——正如应该料到的那样——梦的模型①。而且他不是唯一这么做的人②。这或许是强调弗洛伊德学说的严密,但是本可产生一种沟通理论的途径又被最孤立之物掩盖,承认这一点就无法深入研究。

Psychê 的自闭,或者可以说它的自足不是区分弗洛伊德研究和贝特森探索的唯一特征。弗洛伊德成长的文化环境使他能够——甚至激励他——毫无困难地接受一种无法被直接

---

① 《Baquet:移情的超验性》(*Le Baquet. Transcendance du transfert*),法国大学出版社,1987年。必须注意,尚·拉普朗什在其被上文提到的最新著作中提出了一种吸引理论,走上了一条方向截然不同的路。他没有明确地将自己最近的意图与移情的问题联系起来,但这多半是不言而喻的。

② 奥克塔夫·曼诺尼引用西尔维柏格(Silverberg)的话:"移情就像梦"(《幻想世界的线索》(*Clefs pour l'Imaginaire*),门槛出版社,1969年,第158页)。他本人在下一页写道:"移情的活动场地和梦的舞台在某种意义上是非常相似的。"(西尔维柏格是当代精神科医生,全名应为 William V. Silverberg。——译注)

体验的无意识,更将它化成一种难以理解、令人恐惧的他物形象。奥多·马尔夸特(Odo Marquard①)展现了弗洛伊德的无意识概念和谢林(Schelling②)的自然概念之间的相似之处,而且他毫不怀疑弗洛伊德的工作从这一哲学潮流中获得许多启迪。在自然和理性之间,就像在无意识和意识之间,斗争始终存在,而且总是自然和无意识获胜。

弗洛伊德不仅受到德国浪漫主义的影响,还借助当时蓬勃发展的两门科学向他提供的模型来理解无意识。源自热力学的能量隐喻和对程序——类似于神经学所发现的程序——的探究便由此而来。起先是一种假设的无意识变成了被客观化的研究范畴。但因为无意识是眼睛看不到的,所以必须根据其产物发挥想象力来构想它的机制。关于梦的解析,弗洛伊德不会不明确一点:他并不知道自己提出的解释机制是否符合实际生成梦的机制。

所以,我们与贝特森所代表的思想潮流背道而驰。容许贝特森提出双重束缚的文化背景特别是由行为生态学、控制

---

① 奥多·马尔夸特,《19 世纪美学和治疗之间的某些联系》(Über einige Beziehungen zwischen Aesthetik und Therapeutik in der Philosophie des neunzehnten Jahrhunderts),见《历史哲学的难点》(Schwierigkeiten mit der Geschichtsphilosophie),苏坎普出版社(Suhrkamp),1973 年,第 85—106 页。(奥多·马尔夸特 [1928 年—],德国哲学家,主要研究哲学人类学。——译注)

② 谢林(1775—1854),德国哲学家。——译注

论和分析哲学组成。他很清楚,在他研究人类行为时,前两种科学只能为他提供类比。这两种科学主要研究的是沟通和通过沟通且在沟通中发生的改变,这是他与弗洛伊德的根本区别所在。更何况分析哲学要求他必须不断批判他的语言,必须永远不以语词超越他正在描述的东西。他假设的模型必须可以是直接操作的。

这并不意味着贝特森不曾考虑过心理分析的发现。例如在《一种关于游戏和幻想的理论》(Une théorie du jeu et du fantasme)一章中,他写道:"一如闹着玩的模拟争斗不是真正的争斗,治疗中模拟的爱恨同样不是真正的爱恨。'移情'通过表明心理框架的信号与真实的爱恨之情区别开来;而且事实上,正是这种框架使移情能够达到最强烈的程度,使病人和治疗师能够对它进行讨论①"。大家已经看到——即使通过"讨论"一词——移情的幻想特点如何又被纳入一个不同于其起源论的观点中。

心理分析探求向它呈现的缺陷的起因,而且是从个体的过去,即其成长方式中探求起因,但将仰赖贝特森的心理治疗却看到起作用的起因及相应的结果——它们在当前可被感知,或在互动中将被感知。没有什么好想象的。心理分析必

———————

① 《全集》,前揭,第 1 部,第 222 页。

须致力于建构,即对过去的重新建构,因而必须对过去进行推测并为之编写小说①;而这类心理治疗必须运用如今令个体纠结的关系。个体能够以自己的方式回想起来的过去只是其当下情境的表现。

心理分析提供的认识并不产生改变,这是它的悖论之一。弗洛伊德原本希望以传递给病人的建构来克服后者的神经症。他时而肯定意识化的效果,时而又确认它不足以消除症状。同样,他有时认为回忆不可或缺,有时又因移情效应而认为回忆难以实现②。然而,当他确认移情作为治疗动力的关键作用时,他却无法将它视为改变的原理,除非再一次借助意识化及移情的消解③。相反,在贝特森那里,认识始终已经是一种实行和描述改变的技术的体现。他对学习范畴的关注便由此而来。

对弗洛伊德和贝特森所作的对比不能令人忘记二人各自的历史地位。正如弗洛伊德的研究使现今的催眠与伯恩海姆的催眠迥然不同,若非心理分析的普及,心理治疗的沟通理论

---

① 参阅弗洛伊德对病人所述经历的评论:这些全部是小说。

② 参阅第1章。

③ 对于秉承贝特森理念的心理治疗来说,消解这一移情是不可能的,因为这等于打断沟通。关键在于改变这一沟通的结构,以使对治疗师的依赖变得无济于事。

同样是不可想象的。贝特森是最后一个漠视心理分析的人①。今人可以批判移情概念的缺陷,但如无人用移情一词阐明重现童年的幻想关系②对于心理治疗的重要性,那么与贝特森一起工作的精神科专家——可以很容易推测出来——就不会想到把这一现象与沟通理论相联系。不关注移情的实验心理学还停留在一种企图无视弗洛伊德的发现并回避沟通研究的行为主义上。

必须说明的是,心理分析的不足之处与其整个理论存有逻辑关系,而这种逻辑关系需要无意识的假设;这就使人无法不相信无意识的存在。我们可以放弃无意识,这既是为了语言的严谨——因为必须避免转换词性——也是为了效率。贝特森写道:"听心理学家说来,仿佛被他们用来形容关系的抽象范畴('依赖'、'敌意'、'爱'等)是实物,应该被讯息描述或'表达'。在我看来,这是被颠倒的认识论;事实上,恰恰是讯

<hr>

① 证明是他好几次试图以自己的方式重新表达心理分析的经典主题。例如,《全集》,第1部,第273页或《沟通与社会》(*Communication et société*),门槛出版社,1988年,第236页。

② 在其题为《一种关于游戏和幻想的理论》的章节中,贝特森未对幻想作出任何解释。但有一点很容易被推测出来,那就是他把它置于和游戏的示意信号相同的沟通层面上。当病人就像本来能够或应该对父母一样对心理分析师说话,当他建构一个表现其欲望或痛苦的场景时,他就表明了供人解读其生活中所有行为的背景。

息构成了关系。诸如'依赖'之类的语词只是对于交流的讯息组合的内在模型的语言代码描述[①]"。这就导致在实践中不只限于把语言或态度导入预先确定的范畴中，还得明确何种讯息要被传送到当前的互动中。

贝特森接着写了一段题外话："有一件事并非没有用处：我们不时想起自己实际上是哺乳动物，正是'心'的认识论构成所有非人类的哺乳动物的特点。举例而言，猫不说'牛奶'；它只会用动作表现（act out）（或做）交流终端之一，而这种交流的模式——如果必须用语言表达的话——可被称为'依赖'"。特别因为以哺乳动物为参照，所以心的认识论也可被称为身体的认识论，只要身体是所有行为——它们全部是讯息——的所在。这是另一种放弃无意识概念的方式，如果我们的身体确实是所有教化我们的互动的存储器，确实在关系之中根据它已能掌握的东西产生作用和反作用。记得我们是哺乳动物，这就是承认为了领会意思，人类的特质需要先于人类和先于语言的东西，即需要我们从属于动物[②]。

承认这种从属与恢复某种神秘学毫不相干。在哺乳动物的学习中，能够被分析的、先于人类和先于语言的信号属于体

---

① 《全集》，前揭，第 2 部，第 46 页。贝特森本人并不一直奉行这个好主意，就像可以在前文摘引中看到的那样。怎能轻易地避开普通语言呢？

② 参阅前一章。

验范畴。即使它们复杂到使观察者困惑或对他构成挑战,即使他只能辨出和分析有生命的存在物所拥有的大量要素中的一小部分,接下来的任务始终显而易见:学习感知不被注意的东西,最大限度地提取反常的迹象,始终让自己感到困惑和不断回归超越我们的复杂性。更确切地说,恰恰是心理分析必须时刻避免神秘。如果它只对说出来的东西感兴趣,如果它不关注赋予语言意义的背景:嗓音的语调①、态度和动作、最细微的身体表现,甚至气味,那么它就会把语言或举动中始终不被理解,因此不得不被视为魔法的东西当作神秘物,因为人们无法将这些东西与心理分析理论提出的任何内容联系起来②。

神秘可能通过抛向所有理性工作的怀疑,以另一种形态卷土重来。如果意识——如弗洛伊德所言——只是一个自以为在幕后操纵的马戏团小丑,那么我们的信念还能建立在什么基础上? 这就必须求助于信仰。我们所有的动作和语言都取决于神秘的无意识,而它的机制却只能由人想象出来。在

---

① 参阅雅克·纳西夫(Jacques Nassif),《嗓音揭密?》(*Dévoiler la voix?*),见 *Apertura*(译注,法国心理分析期刊名。西班牙语"Apertura"意为"开放"),第 4 部, 第 137—144 页, 施普林格出版社(Springer Verlag), 1990 年。(雅克·纳西夫是法国当代心理分析师、作家和翻译家。——译注)

② 参照海伦娜·朵伊契,《分析中的神秘过程》,见《交锋》,n° 10, 1983年秋季刊,第 27—38 页。

这种情况下，这些动作和语言都丧失了本身的内涵，通往疯狂错乱的大门却被打开了。在获取教师资格的考试中，一名师范生在阐释莱布尼茨的某篇文章时指出了其中所有的谵妄特征。他大概因为莱布尼茨的布道热忱受了罪，但更有甚者，旁征博引地证明某种心理分析的教导也导致自己精神衰弱。在(关于女性的性)《新讲座》(*Nouvelles Conférences*)的一条注释中，弗洛伊德承认在意见不同的心理分析学家之间不可能有争论，因为无法确定某个理论观点是真是假。这难道不是唯我论最后的变体[①]？对唯我论而言，所有的肯定都是孤立的。因此正如弗洛伊德对薛伯(Schreber)案例指出的那样，没有可能对谵妄理论进行区别。

基于沟通理论的疗法因而能够追求更多的理性，其本质而矛盾的原因在于它们不局限于看起来显然为人类所特有的东西。理性的另一面并不是非理性，而是具有本身法则的心，或是丝毫不需与表象结合，以便在人际关系中扮演某种角色的情感系统。因为所谓情感，首先必须不是关于个体内在性的印象、感觉或感受，而是在关系中影响它们——通过关系，它们又反过来影响他人——的东西。

[①] 在心理分析中被广泛运用的认同和投射概念可能使人认为关系就是通过这种方式表现的。事实完全相反。认同取消了差异的问题，而投射完全就像变相的幻觉。参阅弗洛伊德《图腾与禁忌》第3章的用语。

"影响"概念提出的问题在此处完全被解除了,因为影响始终是相互的,因为影响永远不会停止(甚至在睡眠中,人类依然处于关系中,继续扮演他们的位置赋予他们的角色)。重要的只是分析他能够按照非接受不可的沟通系统确定自己位置的方式。自由的问题正是在这样的背景下才有意义。

贝特森区分出三个层次的学习。为了论证,他将零学习定义为个体不能运用试错程序的学习;个体什么都学不了。一层学习的特点是生物体能够借助试错程序更正自己的选择。不过,这些活动都是在某个背景中产生的,这一背景被理解为"一个表示全部事件的集合词,这些事件向生物体指明必须在什么样的可能性集合中作出下一选择①",即容许生物体修正自己的错误。在一层学习中出现的始终是相同的可能性集合。最著名的例子就是巴甫洛夫的条件反射。

二层学习是"一层学习程序的改变",也就是说背景,即选择的可能性集合能够被改变。实验主体能够从一个集合转入另一个集合,或能够掌握他置身其中的实验环境的本质。人类常规学习——其背景能够被转变和倒换——和所有的人际关系都属于这一类学习。我们不断地"强化事件",即确定我们作用和反作用的框架。态度、动作、表情、话语始终包含一

---

① 《全集》,前揭,第 1 部,第 262 页。

158

种对于对话者已经接受或想要改变的沟通形式的默契。在二层学习中,选择不再像在一层学习中那样只针对某个集合之中的可能性,而是指向集合本身,即某个背景的建立,因此指向——正如我们在前文看到的——被赋予关系中的语言和举动的意义。

贝特森正是将心理治疗中的"移情"现象置于二层学习中。"按照经典的弗洛伊德理论,咨询治疗师的病人不可避免地带有对他与前者关系的错误观念。这些观念(意识的或无意识的)造成这样的结果:他的言谈举止使得治疗师的行为类似于病人对某个人对待他的方式形成的图像,而这个人(通常是其父亲或母亲)在远近不一的过去对他产生过重要作用。为了回到此处与我们有关的主题上,我这么说:病人力图按照其以前二层学习的前提塑造自己与治疗师的交流①。"

贝特森据此提出了几个有关心理治疗中改变的问题。举例而言,人是怎样无限制地用同一方式强化事件,而他所致力的试错程序却不与这种方式相悖? 答案很简单:每个人都按照从前采用或学习的强化类型解读自己的试错体验,而且非以这样的方式解读不可。事实永远不会向他表明对错,因为

---

① 《全集》,前揭,第273页。

他固守自己的系统,只能记住证明他对的事实①。贝特森解释说,对此人而言,"其'目标'的前提和生活中的物理事实完全不属于同一种逻辑类型,因此不能轻易地被这些事实否定②。"

治疗中的改变意味着更换前提或背景的建立模式,即三层学习,也就是说对"这些学习背景的背景③"提出疑问。这相当于质疑参照系统的价值,因此等于粉碎进行二层学习的信念。"问题是爆炸性的",贝特森如是说。问题当然引发焦虑,因为这使治疗师中断自己的信念——举例而言——不仅怀疑心理分析是否履行承诺,而且怀疑试图以沟通或逻辑类型理论为基础的心理治疗能否更加可靠。"如果某一个体达到三层学习,能够按照背景的背景作出反应,他的'自我'将变得可以说是不合时宜。'自我'的概念不再作为关键点在强化体验中发挥作用④。"

贝特森得出结论:那些达到这一层次的人或是"中途摔倒",被称为"精神病患者";或是表现出"一种饿了就立刻吃的

① 我怀疑贝特森在此处是否犯了一个错误。只有依据问题的事实。从本质上说,回答一层问题的事实证明了这些问题的有效性。改变需要一个"反常现象",即整个一层预期系统的一次挫败。

② 《全集》,前揭,第274页。

③ 同上,第278页。

④ 同上,第277—278页。

单纯,被认同的自我不再负有组织行为的任务";或是最终成为"更有创造性的人,其矛盾的解决之道体现这一境界:个性和所有关系程序融合成一种广阔的宇宙互动的生态学或美学。他们当中的一部分人幸存下来,这看起来不如说是奇迹;这种海洋般的感受涌出破坏性的浪涛,能够将他们从中解救出来的或许正是对于生活微小细节的专注[1]。"

如果影响的问题是为了沟通的相互性而被完全置换,那么贝特森的层次结构可能是一种揭示人类自由层次的方式。在一层,正如大家所看到的,可供选择的可能性被严格按照包含这些可能性的元素类别确定。在二层,选择指向背景,即例如生活理念或——更加直接地说——处世之道,这个背景将它的意义或无意义赋予所有行为。这个层次已经产生个性,即不同或者相反的关系系统之间冲突的可能性。这一阶段可能放弃其中一种集合,以便采纳另一种。但是无论采纳何种沟通集合,个体在这种情况下与任一集合缔结的关系是不会变的。个体有改换集合的自由,但是一旦选定,他就要在与以前相同的关系中,按照与以前相同的规则遵从新的集合。

只有三层容许人的自由彻底展现,但却伴有风险。因为

---

① 《全集》,前揭,第 279 页。

此时提出的乃是关于每个从属集合的有效性或价值的问题。有一种自相矛盾的情况不可避免地随之而来：置身于所有沟通的可能性之中，这既是建立所有的沟通，也是暂时中断某一特定的沟通。自由个体的诞生与其崩溃的风险是分不开的，因为某个背景的背景最终正确这一幻觉若是消失，最深的忧郁之门就会打开，而且肯定通向令人晕眩的孤独和焦虑。人的自由无法以别的代价存在。

这些不同层次的区分还说明心理治疗的几个内容。举例而言，治疗师可以只有能力传递自己的前提系统，因为他从不自问关于自己的问题；反之，他却能使个体改变自身的关系系统，只要他本人一次或数次按照自己从童年承袭的系统进行置换：他最终能够——尽管这么做伴有种种危险——使向他询问的人体验到不在乎自我的味道和自恋的终结，只要他本人达到不再需要任何东西和任何人，尤其不再需要自己的境界。

此后就可以更改前文所用的某些语词，按照刚才提到的观点重新解读它们。还能不能这么说：身体在催眠中被视作最精确的个性化所在和最广泛的沟通所在？看起来持论严苛的贝特森不能接受这种说法。他在评论三层学习的开端写道："禅宗教徒、西方神秘主义者和某些精神科专家都坚信这样的内容完全超出语言的范畴。尽管有此警告，我还是力图对这一层学习应该是什么(从逻辑上)略作思考①"。然而,对此处提到的关于三层学习的思考,他仍以大概不属于严格逻辑范畴的评论作结语。他提到了最有创造性的人,他们的"个性和所有关系程序融合成一种广阔的宇宙互动的生态学或美学……宇宙的每个细节都被视为展现全貌。或许正是为了他们,布莱克(Blake②)在《天真的预言》(*Augures de l'Innocence*)中写下了著名的诗句:

> 一花一世界,
> 一沙一天国。
> 君掌盛无边,
> 刹那含永劫。③"

这就使我们承认,在自由的某个层次上,最深入的个性化被视同最广泛的沟通。可为什么不是人人如此? 人类之所以在某些情况下能够达到这一极限,是因为他本身已经拥有这样的能力。这不是他最高级的能力偶然升华的结果,而是因为他是一种哺乳动物。

---

① 《全集》,第 1 部,第 275 页。
② 布莱克(1757—1827),英国著名浪漫主义诗人、画家。——译注
③ 此为李叔同的译文。——译注

此后,这一论断便能获得某些解释:催眠意味着暂时不遵从时间和空间的范畴。人类由于和先于人类、先于语言的东西——它们赋予沟通必要的背景——切断联系而生病,当他想重建联系以恢复健康时,他就必须抛开确定他作为人的机能的范畴,抛开其理智与时空的关系。他将自己的哺乳动物状态重新投入这样的所在:时空在此处不是作为客观化所必需的范畴发挥作用,而是作为人的生命自然性能够绽放的环境呈现。最高程度的自由因而能够类似于最不刻意的动物性自在。因恐惧而缩减我们沟通系统的选择,正是这一点把我们变成自动机械装置或奴隶。每当我们在低于明白的思想和意图之处重新发现沟通的基础,即使我们成为有生命的存在物的东西时,我们的范围也不比生物界的范围更加狭小。

6.生命不是镜像

里利欧琵（Liriope①）问先知其子能否长生，先知的回答是："如果他不认识自己（si se non noverit），他就会长命百岁"。这是不许生者知道什么？或者反过来，什么是生者不该知道的，否则要死？难道某种类型的无知是人类生活的基础？抑或某种不知，某种隐晦，某种蒙昧是生命的条件？那么这又是什么样的不知，什么样的隐晦，什么样的蒙昧？这是不是意味着尤其要完全不了解自我，或者相反，只是不试图知道自己可能像什么，知道他人或镜子向我们反馈什么样的形象？就是这个把我们引向死亡，或更确切地说，引向自戕么？认识自己就是毁灭自己。什么样的东西必须一直令人不解？我们要继续活命就不该懂得的究竟是什么？纳西瑟斯和他的不幸结局向我们预示着某种危险。

　　然而，心理分析中的很大一部分都转到了这个方向上。自

---

　　①　里利欧琵是希腊神话中的女神，与河神刻菲索斯（Cephisus）生下儿子纳西瑟斯。——译注

弗洛伊德以来,心理分析一直自命为一门应当从蒙昧主义和变化不定的偶然中探出梦境、疯狂和创造的奥秘的科学。毫无疑问,它追求的目标是使人类在睡梦、神经症和艺术之中认识自己。而且正如我们在前文中看到的,弗洛伊德的学说无法不落入唯我论的完形(prégnance),"除了极少数例外①"。相异性往往只采取幻想客体的形式。因此,纳西瑟斯的形象在弗洛伊德的著作中具有重要地位,心理分析学家没有过于谨慎,相继涌入这一行列,这并不是偶然的。对弗洛伊德而言,向他人的认同被认为属于"继发性自恋(narcissisme secondaire)",而"原发性自恋(narcissisme primaire)"始终与客体关系无关,这一点意味深长。继弗洛伊德之后,我们听到例如这样的说法——它像一个显著事实一样不受怀疑——病得最重的人缺乏原发性自恋,而治疗应当弥补这一缺陷,加强或建构这种自恋。

当个体心理被用来理解集体组织时,这一趋向更加明显。原始部落的父亲与群众领袖并无不同:二者都是纳西瑟斯②,分别被部落和群众奉为楷模。因此,二者从本质上说对任何

---

① 尚·拉普朗什,《心理分析的新基础》,《全集》,前揭,第 101 页。

② 让-吕克·南希(J.-L. Nancy)和菲利普·拉库-拉巴尔特(Ph. Lacoue-Labarthe),《犹太人不做梦》(Le peuple juif ne rêve pas),见《心理分析是犹太人的杜撰?》(La psychanalyse est-elle une histoire juive?),门槛出版社,1981年,第57—92页。(让-吕克·南希[1940—],法国哲学家。菲利普·拉库-拉巴尔特[1940—2007],法国哲学家、文学批评家和作家。——译注)

关系都无能为力，都执着于全能和对群体——这些群体的成员本身也只能靠相互认同生存——的绝对控制。弗洛伊德在相关论著中重拾其个体理论的基本特征，并将之用于整个社会。

照此做法，他或许作出了巧妙的阐述，但这对我们文明非得接受的政治概念并非没有带来严重后果①。既然科学看起来能够复制自己的发现，借此进行毫无保留的技术传布，那么，将人变成机器的网络似乎便是唯一的可行之道。因为正如人们将看到的，自恋的霸权和制造人造物般的人之间存有密切关联。通过对同一事物的无限重复，纳西瑟斯使我们可能产生一种既抹杀个性，又取消沟通的复制。

这正是在弗洛伊德关于"令人不安的陌生感"的文章（inquiétante étrangeté），即对我们最熟悉事物的陌生感的论述中明确出现的内容。实际上，这种感受的最终原因从一开始就在于区别生物和自动机械装置——我们可以说区别作为生命的 *psychê* 和使纳西瑟斯变成机器的镜像 *psychê*②——的不

① 参阅下一章关于这一点的讨论。

② 我们最杰出的思想家之一想到了这一大胆的联系或比较。当生命被归结为镜中的影像时，它很容易被封闭在相同的重复中，被变成许多机器中的一种，结果是想象和创造之谜也很容易被束之高阁。这是诡辩家的拿手好戏。

确定性。混淆这两个 *psychê* 就是试图逃避对这种感受的恐惧，也是拒绝接受人在每个黎明诞生的所在，因而也是放弃可能实现改变的唯一机会。

弗洛伊德从评论詹池(Ernst Jentsch①)区别的不确定性着手，不断排斥这种区别的不确定性，又通过其他方式重新承认它。因为无法区别生物和自动机械装置，他在讲述沙人的故事后抛弃了这种对既陌生又熟悉的感受的解释；他在失眠——阉割的替代物——恐惧的基础上作出了自己的阐释。然而，在这么做的同时，他忘了自己曾在故事梗概中写过这样的话：沙人取走纳斯尼尔(Nathanaël)的眼睛，把它们给了自动木偶奥林匹娅(Olympia)，作为交换，他售给前者一副望远镜，即人造眼睛。正是这一交换使这位年轻人陷入谵妄。经过这一交换，他实际上不能通过他所爱的女子或他本人知道谁是自动机械装置，谁是生物。即使有阉割，它首先指向的也不是他的性器，而是他的身份。他焦虑不安，因为他怀疑自己是否丧失了这种身份——即他的生命本源，作为他生命的 *psychê*——怀疑自己是否被变成了无生命物。未婚妻克莱若(Clara)的爱情本来可以将他从疯狂中解救出来，但是眼睛的

---

① 詹池(1867—1919)，德国精神科医生，以《诡异心理学》一文著称，对"恐怖谷"理论有重大影响。——译注

调换把他变成半个自动机械装置,把奥林匹娅变成半个生物,
这使他重新质疑生物和机器的差别,而不是性器的差别①。

因为已将阉割作为首要原因,所以弗洛伊德能够安心地
重新接受詹池的解释。它甚至帮他引入幼儿主题。弗洛伊德
指出,按照詹池的观点,既陌生又熟悉的感受源自"关于某些
东西有无生命,关于无生命物与生物过度相似的理智上的不
确定性";随后他补充道:"自然,有了玩偶,我们不会离幼儿太
远②"。他举出一名认为能把自己的玩偶变成活物的小女孩,
因为他对这种愿望不含陌生感而感到惊奇。弗洛伊德忘了注
意一点,那就是这名小女孩毫不怀疑自己的力量,在她心中,

————————————

① 这篇小说三次用到 unheimlich(德语,具有令人恐怖的、怪诞的和秘
密即将曝光的意思,弗洛伊德用它描述对熟悉已久的事物突然露出的陌生疏
离一面的阴森恐怖感,即"诡异"感)一词。第一次,它被用来形容纳斯尼尔因
奥林匹娅呆滞的眼神而感到的烦躁;第二次出现在他的朋友西格蒙德(Sieg-
mund)的话中。第三次只是纳斯尼尔在痛斥朋友单调乏味时重复第二次的
用语。(E. T. A. 霍夫曼[E. T. A. Hoffmann],《夜曲》[Nachtstücke],岛屿口袋
书[Insel Taschenbuch]589,1982 年第 1 版,第 22 和 40 页)。奥林匹娅兼具有
生命的存在物的外表和机器的特征。(E. T. A. 霍夫曼是德国浪漫主义作家
恩斯特 · 特奥多尔 · 威廉 · 霍夫曼[Ernst Theodor Wilhelm Hoffmann,
1776—1822]的笔名。他擅长写怪诞惊悚的故事,短篇小说《沙人》是其代表
作品。——译注)

② 《德文版全集》,前揭,12,第 245 页;《英译标准版全集》,前揭,17,第
233 页。拉·封丹(La Fontaine),《女孩如何变聪明》(Comment l'esprit vient aux
filles)。"丽兹的脑筋就像她的玩偶",这是先于经验的。造成变化、不厚此薄
彼的正是性爱(Eros):"让人开窍的傻瓜万岁。"

171

就像在许多儿童心中一样，从无生命到生命的转变是一种日常体验。这也许是因为我们成人无视自身中的生物，执着于控制和自动机械装置，因为这样的转变令人焦虑。

幼儿主题明显令人想到分身(double)问题，容许将分身置于它和原发性自恋、尚未与世界分离的原初自我的关系之中。按照此处被明白复述的奥托·兰克(Otto Rank[①])的解析，分身或许是一种防止自我毁灭的系统。如他所言，"'不朽的'灵魂很可能是身体的第一种分身[②]"，是一个 *psychê*——它的王国便是梦的世界[③]。当原始发展阶段被超越时，分身就改变了信号；它不再是生存信心，而是诡异的、令人不安的死亡预感。

为什么信号发生这种改变？为什么由原发性自恋向继发性自恋的转变，或对泛灵论和思想全能的放弃会产生一种陌生感？弗洛伊德承认，即便求助于我们对病理过程的知识，答案也不明确。但答案之所以不明确，原因难道不应该从这一事实中寻找：他想"隔离[④]"——大概为了最终的控制——共同形成这种感受的两个侧面？因为希望解除疑惑，因为试图

---

① 奥托·兰克(1884—1939)，奥地利心理分析学家和作家。——译注

② 《德文版全集》，前揭，12，第247页；《英译标准版全集》，前揭，17，第235页。

③ 《唐璜和分身》(*Don Juan et le double*)，帕约出版社，1973年，第63页。

④ 《德文版全集》，前揭，12，第249页；《英译标准版全集》，前揭，17，第236页。

排斥——不过从未做到——詹池的解释，所以尽管二者有微妙的联系，他也只能更加含糊其辞。

当他断定："这些(分身)表象的起源是对自我的无限爱慕，是支配儿童及原始人灵魂生命的原发性自恋[①]"时，他完全搞混了。因为无论儿童还是所谓的原始人都没有理由为分身感到不安，因为在他们的阶段，他们拥有生命的信号。弗洛伊德的阐述大概在某处误入歧途，信号改变的原因应该在别的地方。

灵魂生命就只是生命，因为灵魂、*psychê*(生命精气，表示人——只要他是有生命的存在物)和对自我的爱慕没有任何共同之处[②]。生命实际上并不表征本身，而自恋则必须以某种思考为前提——这种思考首先不是儿童能有的，也不会被所谓的原始人接受[③]。由此可见，原发性自恋不存在，这一表述在措辞上就自相矛盾[④]。所谓儿童的自恋——正如弗洛伊

---

① 《德文版全集》，前揭，12，第247页；《英译标准版全集》，前揭，17，第235页。

② 据说在希腊语中，*psychê* 和*sôma* 丝毫不对立，因为二者都表示生命。为生命奋斗也可以说为 *psychê* 奋斗或为 *sôma* 奋斗。

③ 参阅埃利亚斯·卡内蒂(Elias Canetti)，《群众与权力》(*Masse et puissance*)，伽利玛出版社(Gallimard)，1960年，第357页下(引用部分)，它描述了布须曼人(Boschiman)如何不看不听就能远距离地感应。(埃利亚斯·卡内蒂[1905—1994]，保加利亚裔瑞士和英国作家，1981年获诺贝尔文学奖。布须曼人是生活在非洲南部的一个原住民族。——译注)

④ 弗洛伊德学说的整个主要部分都与这个糟糕的、对它却至为重要的概念相联，参阅后文。

德在别处写下的[1]——只是父母自恋的投射,一如所谓的原始人的自恋可能只是人种学家自恋的结果。儿童或所谓的原始人——对其一部分生命而言——是思考不深刻的生物,他们毫不讶异地预期从无生命到生命的转变,因为他们的思想也具有生命,能够传递生命。

弗洛伊德将原发性自恋定义为分出自我和非自我之前的状态,意指生命的某种东西。然而,他仅仅用一种否定来表达它——也就是说采用已经与外界分化的、无法再理解完全不同于其意识的存在的人的观点——即使这不是对它据以表达其体验的用语的否定。原发性自恋不过是指我们从属于有生命的存在物界,不过没有指准。作为生物,有生命的存在物并不按照他是什么或他理解什么来遵从客观化所必需的时空范畴。因此,自我和非自我的区分对他没有意义,而且这不是一种缺陷;他永远不需要获得这种区分,因为他本来就无法做到。生物既是完全内在的,仅仅存在就够了,又是完全外在的——通过一种毫无保留的,其机体能够传到的沟通。因此,原发性自恋绝对不是指一种先前的状态。或许就是这一切令弗洛伊德犹豫不决,使他认为每一个体身上都始终留有某种原发性自恋

---

[1] 《德文版全集》,前揭,10,第157—158页;《英译标准版全集》,前揭,14,第91页。

的残片。但这仍然是一种错误的解释:原发性自恋绝对不是先前的,因为它是生命的永恒根基,人类能够达到意识的这一部分由此得以发展。原发性自恋的表述显出尊重生命特殊性的样子。事实上,这样的表述只不过使它更加被人漠视,只不过提供了令人以为已经了解它,而实际不过无视它的手段。要避免一切都变成机器,舍弃原发性自恋是必要的条件,但这还不够。

因为在设想把一切都变成机器的可能组合之前,正是始终继发性的自恋和思考能力(réflexion)——从该词的双重意义上——造成镜像,促使想象变成镜像,继而促进机器图像的作用。分身不表示生命,而是代表死亡,因为生物在自恋的作用下变成了无生命物,换而言之,因为生物在某种文化的压力下被遗忘了。对于倾向生物的人而言,分身是生命;对于让自己的图像被镜映,并把这种映像变成本源的人而言,分身最终将在最极端的无生命和死亡中找到自己的身影。引起令人不安的陌生感的并不是这样的死亡,而是我认为并非自己的东西,即机器的突然出现。而且相反,当我对镜像的功能深信不疑时,被我忽略的,却又是我最熟悉的生命为我的掌控划上了句号。

在这样的情况下,"相似的重复[1]"不应被解释为——就

---

[1] 《德文版全集》,前揭,12,第249页;《英译标准版全集》,前揭,17,第236页。

像有人说的——陌生感的原因。实际上,即使这种重复是最好的机器表象之一,它本身也不足以引起一种因某些状态——这些状态表面上有多么相似,实质上就有多么不同——相似而产生的感受。激起这种感受的不过是这一点:在情绪和行动的根源上消除本身是生物的确定性,以便在顷刻间把自己当成人工智能。其原因应当被置于相互矛盾的双方的极端关系中——当人造物来取代生命时,以及反之,当本能的生命颠覆由组织有方的机制构成的防御时,矛盾双方试图相互排斥。这正如在这一种情况下发生的事:认为现实世界受到因重复而令人安心的法则支配的信念,它被思想的全能力量和残留的泛灵论①,或者还有受到压抑②、倾向生命的部分动摇了。

弗洛伊德在整篇文章中接受和排斥詹池定义的方式不能不让我们困惑。他接受它,因为他看到它使人能够了解某种感受的特征,而这种感受无法通过对立双方中任一方的出现来解释。但他又不能下定决心接受它,因为它妨碍构成其著作动力的东西:将心理事件理解为机制,把心理现象变成如机器一般运作的装置。他可以不完全否定它,因为描述在其著

---

① 《德文版全集》,前揭,12,第253页;《英译标准版全集》,前揭,17,第240页。

② 同上,第254页;同上,第241页。

作中始终处于思辨的起点上,而且运用与生物学相联的能量隐喻在其文章中也不是罕见之事。但是他不能容忍像这样的生物被系统的思维忽略。正如他在这篇文章中数次提示的,承认无生命物和生物区分的不确定性,这对他而言只可能是某种没有达到现代科学时代——或从更广泛的角度说,某种业已完成的心理发展阶段——的心理状态的残片。

我们在此处发现的东西,它以许多其它形式出现在弗洛伊德的著作中。举例而言,他在《图腾与禁忌》中写道:"儿童与动物的关系,原始人与动物的关系,二者有许多相似之处。儿童尚未显出任何傲慢的形迹——这种傲慢使成年的文明人用一道坚固的防线将其本性与所有其他动物隔开。他本能地赋予动物完全的平等;当他无拘无束地表露自己的欲求时,较之对他而言或许颇为奇怪的成年人,他大概觉得自己更加接近动物[1]"。读者原本以为会有一段关于人和动物关系的全面论述。然而,这个段落也好,其他详述动物图腾的章节也罢,都不可以提到——哪怕是一丁点——人类可能涉及这种关系的话[2]。

---

[1] 《德文版全集》,前揭,9,第 154 页;《英译标准版全集》,前揭,13,第126—127 页。

[2] 据我所知,唯一的例外是《文明的代价》(*Malaise dans la civilization*)第4 章的两个注释:"*Auch der Mensch ist ein Tierwesen*(德语,意为"人也是一种动物")…"、"人也是一种动物"。

这一切只是一个已经逝去的时代的特征;科学时代已经揭示这些如今业已过时的精神建构的真相。弗洛伊德急于在文中证明动物纯粹是父亲的替代物。从前,最初是有父亲的;对动物的关注只是彼时的迂回之道,现在我们用不着了。

《超越快乐原则》(*Au-delà du principe de plaisir*)坚持把回归无生命作为生命的唯一目标,这是出于同样的拒斥。必须注意,"令人不安的陌生感"论文是紧接着《超越快乐原则》前几章之后撰写的。仿佛弗洛伊德在最后几章中试图摆脱对于这种感受——即区分无生命物和生物的困惑——的焦虑,他的办法是不容置疑地肯定获胜的将是以无生命形式呈现的死亡。不过,这只是肯定死亡战胜有生命的个体,而不是战胜超越死亡延续的生命。因此,完全可以把弗洛伊德的思辨企图强加给我们的说法倒过来说:获胜的始终仍是生命。对于弗洛伊德而言,一切确实都是根据个体来理解的,所以他自然用这样的色彩描绘自己的宏伟画幅。也许在这一概括程度上,倒过来的说法并不比它的对立面更站得住脚。这种说法的目的只是暗示弗洛伊德的观点是一种选择,它不仅在理论上,而且在实践上造成了一连串的后果。

我们还可以继续浏览弗洛伊德文集,以证明我们接触的始终是相同的原理。最后只要举一个例子就够了。个体被认为是自我封闭①即完全自恋的,因而他永远只能和自己建立关系。因为这种唯我论已经是一种自动机械装置或死人的抽象概念,所以为它注入些许生机的唯一办法仍然是将个体引入某种关系。不过,他的最初建构使他只有权利和他人建立两种构想巧妙的关系:投射和认同——他通过前者赋予他人属于自己的东西,而后者令他将不是自己的东西归于自身,从而令自己消失。在这样的条件下,我们依然永远只接触一种模拟的关系。生命又一次遭到拙劣的模仿。

如果自恋理论被用来回避人类与生物的关系问题,那么就要考虑如何才能避开它的诱惑和控制。换而言之,我们有什么办法摆脱自戕的蛊惑——对自己保持透明的激情使纳西瑟斯执着于此?

一劳永逸地区分无生命物和生物是不可能的,第一种必不可少的无知想必建立在这一基础上。我们不能回避这种不确定性。弗洛伊德论述陌生感的文章之所以如此重要,是因为它向我们指明了我们无法逾越的界限:我们永远不能预知自己将制造机器还是引出生物——即治疗的人为方法将成为一种制造相似物、助长我们本身和病人的自恋的手段,还是将

① "如果一个主体——可以说不论驱动力如何——首先是封闭的,随后必须开放,他是怎么做到这一点的?"尚·拉普朗什,《全集》,前揭,第77页。

激发自由和独特性的途径——它们必定选择某一途径，作出某些决定，而我们从本质上不能怀疑这样的途径和决定，甚至往往事后也无法使之变得可以理解。我们分析工作的关键点应被置于对令人不安的陌生感的焦虑之中。这正是贝特森以三层学习一词指代的内容，即质疑我们习惯于生活在其中的系统和——更加广泛地——所有的参照系统。凭借生命的力量通往新生的道路无法以别的代价打开。

如果我们在某个治疗或某次分析中不知道再做什么和说什么，如果我们对共同努力的可能或不可能的结果产生怀疑，此刻便是我们创造解决之道的唯一机会。所有的技术对知行都是宝贵的，但如果不经受彻底的质疑，如果前提不是——至少在一段时间内——这一信念：就它们本身而言，它们或许只是使我们更加被预知这一陷阱所困，那么它们仍然不会产生效果。如果惊讶带来的不快代表病人向改变开放，那么只有在此之前，分析师曾在一段时间内感到——除了各种不确定性以外——束手无策、迷失方向，这种惊讶才能出现。因为这是从根本上改变一种关系系统，而治疗首先不能不再现这一系统。

区分无生命物和生物的不确定性被看作关乎我们自己身份的不确定性。保持身份体现了对控制的重视，体现了一种仿照机器的方式复制相同事物的努力。必须通过最大程度的自我和非自我的不确定性,生物才可能出现。只有经历陌生感、烦躁和混乱,生命复苏的道路才能打开:生命是被体验的,因为它不看自己,因为它与它本身没有距离,因为它不表征本身,因为它只是无声无息地前进。相反,自我只能在清晰的亮光下存在;因此,它想让一切都按照确定和可见的方式进行,这仍然是机器的模式,只要——就像我们看到过的那样——把机器换成纳西瑟斯和作为镜像的 *psychê*。

难道我们无法摆脱,也不应摆脱的无知不只定义了我们与生命的关系?一旦我们转而面向它,揭晓它的秘密,它立即对我们显得完全 *unheimlich*。难道它实际上不是我们最熟悉的东西,因为我们是生物,因为我们不断地体验它的现实?然而,这种熟悉对而言我们依然是最陌生的东西,因为我们永远只是接受它。作为科学的生物学可以不受限制地分析它,找出它的某些机制或规律。不过,生物学虽然能够越来越巧妙地改造或歪曲它,但它始终在既定生命的基础上运作,而不是制造生命。学者在研究中能够且大概应该认为:尚未企及。然而有理由怀疑:分析宝典和人为综合永远达不到最高的一刻——生命在此刻显示其无限复杂的简单性,并用这种方式保持陌生。我们永远只能在焦虑中走向这一刻——焦虑是被我们拒绝的生命的征象,因为它把我们变得对自己陌生,但我们却一刻都不想离开自己的控制。

弗洛伊德举出谢林,对后者而言,"陌生而熟悉的感觉是某种本应一直隐藏,却显露出来的东西①"! 这难道不是对纳西瑟斯错误的定义? 纳西瑟斯其实想把他的这一部分据为己有,但这恰好是本应隐藏的部分,无休止地注视它不可能不毁灭他自己;他贪婪的眼睛想看到一切。对他而言,一切都必须是可以表征的,每种情感都与一个他能够捕捉的表象密切相联。就这样,他的生命透明地呈现在他面前。

　　这是不是说为了避开纳西瑟斯的陷阱,我们必须无视生命,必须从我们的视域和关注点中排除那些与我们作为有生命的存在物的生活相关的东西? 如果生命支撑我们所有的行为和思想,如果生命是这一切的条件,如果生命毫无例外地支配这一切,那么无法想像我们仍然处于一种对它全然无知的状态。我们必须耍点计谋了解它。我们任自己被它围绕,仿佛自己消失在其中,同时我们对它产生的东西保持清醒。永远不强迫它,而是在它向我们——作为哺乳动物——呈现的准确位置上接受它。这种模糊和觉知的微妙结合是可能实现的,特别是,如果我们学会生活在由图像构成的环境中——不再是我们的图像,而是内部和外部摆在我们面前的图像。

----

　　① 《德文版全集》,前揭,12,第254页;《英译标准版全集》,前揭,17,第241页。

根据传统,图像实际上被看作人与动物相通的证明①。人和动物的区别首先不是在前者具有理性,后者没有理性这一点上,而是在他们形成图像的差异上。对动物而言,图像仅仅通过感觉生成,而在人的身上,图像或是通过感觉,或是通过思想产生。因此,一直使我们与我们有生命的存在物状态相联的正是作为感觉和思想媒介的图像。

如何在治疗中使图像发挥作用并支配图像? 按照构成人类图像的两个方面,办法可分成两种。要么竭力把它们转译为思想,使它们获得真正的人的维度;要么将它们重新引向源头,即感觉、感受和印象,从而能够支配它们,并对它们进行新的组合。

第一个是弗洛伊德——特别在《梦的解析》中——采用的

---

① 我不很精确地引用让-路易·拉巴里埃(Jean-Louis Labarrière)的一篇文章《亚里士多德的人类想象力和动物想象力》(Imagination humaine et imagination animale chez Aristote),刊于《实践智慧》(Phronesis),第 29 部,n°1,第 17—49 页。然而,康德不是在其《实用人类学》(Anthropologie du point de vue pragmatique)的开端复述了这一传统:"我们虽然能够确切地推断自己具有着但却没有意识到的那些感性直观和感觉,即人的(同样还有动物的)模糊观念(représentations obscures),其领域也许是不可测度的;反之,清楚的观念(représentations claires)却只包含着其中呈现给意识的极少数地区,仿佛在我们心灵的巨大地图上只有很少地方被照亮着。这就可能引起我们对自己本性的惊异"。在下一页,他明白地将这些模糊观念——他说我们被它们驱使——与想象力联系起来。(让-路易·拉巴里埃[1953—],法国当代哲学学者,研究古典哲学。本条注释中的引文摘自康德的《实用人类学》,邓晓芒译,上海世纪出版集团,2005 年 4 月第 1 版,第 14 页。——译注)

方法。这就是发现隐藏在梦的图像之下并赋予其意义的主题。它被称作解析艺术。梦、口误、失误行为的隐晦含义应被揭示，以使人们能够理解被它们用一种乍一看难以理解的形式表达的隐秘欲望。这样才能将梦的线索变成一门真正的梦科学。同样，神经症也将得到解释，并被转变——通过获得一种在起源上与俄狄浦斯情结有关的意义建构。

另一个办法是任由图像朝着一切可能的方向发展、展开，任由它们互相组合，以便它们将我们与地域、事物和人的关系的网络显示出来。这个网络构成我们特有的肉体。从现代希腊语的最初词义上讲，图像是 *métaphore*①，即交换器、转动器，它们在我们作为有生命物的生活的所有元素之间建立沟通。在催眠、恍惚或清醒的睡眠状态中，每个病人都能够体验到这种纵横交错的网络，它能够向无限伸展，也可以收缩自己的结构。这种相互混合的图像的微妙作用去除我们思想中重复、僵化的东西，使我们重新置身于生命的根基中——它简单的复杂性围绕着我们，为我们的思想和行动带来新的飞跃。它们已经是我们的未来②，能够激发创造，使我们摆脱各种循环

---

① 该词在希腊语中表示传递，在法语中意为"隐喻"。——译注

② 参阅米歇尔·洛布罗(Michel Lobrot)，《想象和改变》(L'Imaginaire et le changement)，见《心理治疗研究》(Études psychothérapeutiques)，1988 年 6 月，第 87—95 页。(米歇尔·洛布罗[1924—]，法国心理教育学家。——译注)

的镜像。

人类不仅接受图像,而且能够生成图像。凭借这一特长,他在治疗中能够以另一种更加主动的方式运用图像。在这种情况下,治疗师的干预旨在创造新的联想,使隐藏的图像更加丰富、更加鲜明——这些隐藏的图像至彼时为止仅仅占据狭小或微不足道的位置,但是它们是有益的,可以抵制其他某些图像的破坏力量。

我们是不是必须在两种办法中作出选择?即使我们忍不住解析和理解,我们也不应忘记:照此做法,我们大概做不成任何有用或有效的事。使人关注某种意义或涵义,这首先便使图像一直蕴含的丰富意义和关系变得贫乏:我们很可能造成某种结构的断裂,而这一结构的呈现是改变可能实现的条件之一。此外,这也可能使人失去与图像内在相联的力量——它们从本质上紧贴病人需要用来恢复生活的兴趣和力量的动物性生命。

寻找意义的迫切需求令人对描述体验的方式犹疑不定。举例而言,妮科尔·法布勒(Nicole Fabre[①])在强调吸引的关系应当结束,纳西瑟斯应当停止自我注视之后,似乎不愿或不

---

① 妮科尔·法布勒(1925—   ),法国心理分析师、儿童心理治疗专家。——译注

185

能摆脱镜像的控制："对于某个需要看和被看的既定事实，分析中的白日梦以特定方式扮演这一镜像的角色。然而，我们已经看到，白日梦的镜子也好，分析师也罢，都不是一个纯粹的反射表面。它不如说是某种辩证作用的元素。它既为意义载体，又是意义源泉的隐喻体验，成为探索和获取意义的一个环节。它不是复制，不是一种无谓的重复[①]"。她在前一页也举出一个病人，此人不想再"装腔作势，逢场作戏"，从而"真正地存在"。她甚至指出，"分析工作在于使吸引的意义——在所有这些案例中，就是与存在感相联的全部原发性感情现象（affectivité primaire）的意义[②]——在其真正的位置上显示出来"。只要试图调和借助图像使人体验存在感的方法与注重解析的分析方法，就无法不经受体现在这句话中的迟疑不决。丢掉纳西瑟斯使人远离镜子和镜像；这甚至使人不再关注意义的探索，从最好的情况说，是因为探索不充分，从最差的情况说，是因为这么做容易误入歧途。意义的情况与记忆相同：二者的效率都来自遗忘。

现在可以用新的术语提出结束分析的问题。众所周知，弗洛伊德承认神经症在分析过程中转化成移情型神经症，

---

① 妮科尔·法布勒，《心理治疗研究》，67，1987年3月，第25页。
② 作出强调的正是笔者本人。

接着他就发现难以终止后者。他建议通过解析——凭借医生的权威，它可以被病人接受——的效果消解移情。但他也承认这个办法具有侥幸性，甚至当移情变得带有情欲或消极的时候，它还具有趋向极端的特点。现在我们可以理解，这一失败起因于对解析所持的信心。解析——始终是有待追求的目标——必须以这一点为前提：*psychê*，即灵魂必须在表象的范围内发生作用。从弗洛伊德的观点来看，在回忆被重复取代的情况下，被提出的修通不可能有别的目标。设想一种相反的过程，将表象纳入情感，并使这些情感相互转化，从而重建这一情感和关系的结构，这在弗洛伊德学说中绝无可能找到依凭。一切都被导向意义、涵义、解释、解析和表象。

如果分析工作不断地、越来越完整地使病人向自己表征他是什么，那么没有比纳西瑟斯更加理想的模型可以提供给他了。弗洛伊德并不隐瞒这一点。在他看来，唯一值得关注的心理是诸如摩西、汉尼拔、恺撒、拿破仑之类的伟大领袖或超人的心理；这些人都被他视为绝对的纳西瑟斯，不需要爱任何人。从这样的观点来看，分析只能有两种结果。如果分析成功，那么它将通过克隆产生另一个或大或小、把自己当作譬如弗洛伊德再生的纳西瑟斯；如果分析失败，那么它将向群众提供——为了使他永远以它为基础——一个意志薄弱的新个体。在这两种情况下,沟通甚至现实都没有立足之地。因为群众所感到的被爱的幻觉契合纳西瑟斯心中完美的幻觉。许多分析都无法以这样的方式结束,这只能证明事实上它们所依据的前提与弗洛伊德指出的并不一致。它们的过程甚至完全相反,也就是说为了不落入纳西瑟斯的陷阱,表象不再受到关注。不再为了存在而竭力认识自己①。

希望分析持续终身,这是分析界的老生常谈。这样的意图肯定会遇到一个问题:有些东西是无法分析的。换而言之,有些人想把一切都纳入表象范畴,却发现尽管做出了种种努力,还是有一个被称为例如"阉割岩石"或"阴茎嫉妒"的残留物。他们为有一个残留物而感到遗憾。一切都应该能被分析,能被纳入表象的世界。这个问题会不会未被适当地提出,或无须被提出?我们只是忘了自己是有生命的存在物,忘了生命是被感到的,是由感觉、感受、印象、情感——它们也许孕育表象,但它们本身只能被部分地表征——组成的。人们在某些个案中看到,解析的狂热探索无法不导致一种危险的后

---

① 有些心理分析学家在梦的解析中不是没有分寸的:"注意不要压碎某个所谓透彻的解析制造的这一铅盖,不要为梦指定一个最终版本,从而把它的开放意义封闭起来"。雅克丽娜·鲁索-迪雅尔丹(Jacqueline Rousseau-Dujardin),《梦的延伸》(L'élargissement onirique),《心理治疗研究》,nº 76,1989 年 6 月,第 115 页。(雅克丽娜·鲁索-迪雅尔丹是法国当代心理分析师和作家。——译注)

果：丧失现实感。有些分析者进了精神病医院，或心理严重衰退，这都证明河水泛滥了。其原因正是不受限制的自我理解和自我认识的倾向。

必须容许我们生物避开镜像——哪怕正是镜像向我们显示深层无意识——的时代来临了。分析结束了，自恋结束了，完完全全地结束了。如果我们不再注意观看自己和被观看、倾听自己和被倾听、认可自己和被认可，那么就在观看、倾听、认可和关注，我们任由生命在身上被感到并化为行动。甚至无需再估算我们的行为将使自身形象增减多少价值。此时，我们太过专注地观看、倾听、认可、沟通、做事、创造或发明，以致无法将注视自己的任务指派给我们的某一股力量。我们毫不在意可能传到耳边的尊崇和轻蔑，因为我们知道自己能够实现什么，而且尺度精确到仅差几微米。"真正"存在的感受便绰绰有余地令我们满足了，而且使我们得以与万事万物建立联系。能够成为永无止境、不断重来的工作的正是表象为了生物的这一转变；这一转变是必不可少的，因我们拒绝生命而不时被引发的焦虑就是其不容置疑的信号。

为了在本章末展现自恋终结所能采取的各种形式，让我们描绘三个取自明显互不相干的领域的场景：第一个是体育的，第二个是东方文化的，第三个是音乐的。

伊万·伦德尔（Ivan Lendl①）和鲍里斯·贝克尔（Boris Becker②）在麦迪逊花园广场（Madison Square Garden③）举行网球大师赛决赛。赛后，他们接受了记者采访。伦德尔说，从第一个回合开始，他立即在体内完全地感受到运动的愉悦，除了动作的流畅之外什么都不想。而贝克尔却说，他仅仅专注于一个念头：要是赢了这场比赛，我就是世界第一。到底谁是赢家？我在数年前就向一群听众席上的心理治疗师和大学研究人员提出了这个问题。我在前面说的话明显指出了恰当的回答方向。然而，一位总之非常精明的女分析师果断地作了答复。在她看来，赢的人是贝克尔。必须要说的是，作为名副其实的分析师，她在其作品——倒是颇为出色——中对解析的可能性不设任何限制。

对神秘学感兴趣的德国教授赫立格尔（E. Herrigel④）曾被派往日本数年，讲授哲学。他想修习禅宗，并得人指点：学习拉弓射箭是最迅捷的法门。在如今非常有名的一本绝妙小书⑤中，他细腻准确地描述了自己修行的波折、障碍和挫败。完成

---

① 伊万·伦德尔（1960— ），前捷克斯洛伐克著名网球运动员。——译注
② 鲍里斯·贝克尔（1967— ），德国著名网球运动员。——译注
③ 麦迪逊花园广场是美国纽约州纽约市一座著名的体育场馆。——译注
④ 赫立格尔（1884—1955），德国哲学家，率先把禅学引入欧洲。——译注
⑤ 《射艺中的禅》（*Le zen dans l'art chevaleresque du tir à l'arc*），戴维书社（Dervy-Livres），1970 年。

所有必要的动作，但意识的注意、做好的欲望和成功的意志一点儿都不介入；要达到融专注和不专注于一体的境界——这一切对他这样的西方人构成了难以置信、无法想象的考验。他有时装出不刻意的样子。大师没有被蒙蔽，对他表示不悦，并向他进行讲解——这是其他弟子听不到的解释——因为他像所有西方人一样，极其渴望在做之前了解清楚。为了说明在射好的情况下发生什么，行文抹去了一个有意识的主体的存在：它瞄准，它飞出，它射中靶子。在旅居的最后时光，他被邀去大师家中。在黑暗中，大师一箭击中靶心，接着第二箭又在黑暗中飞来穿透了第一箭。"某种东西"在射箭，并命中目标。

在唱片的纸袋上可以读到这样的说明："唱片是不是一面真正的镜子？一面忠于事实的镜子？有可能。不过，有些女士本人不到镜前，有些艺术家也从不在镜中自视。伊姆加德·泽弗里德(Irmgard Seefried①)就是最典型的人物。她的唱片丝毫没有把她表达得走样……原因只是：泽弗里德不是那种顾镜自盼的人②。"

---

① 伊姆加德·泽弗里德(1919—1988)，德国女高音歌唱家。——译注

② 安德烈·蒂伯夫(André Tubeuf)，唱片《伊姆加德·泽弗里德，莫扎特的歌剧咏叹调和歌曲，巴赫、勃拉姆斯、布鲁赫、亨德尔、海顿、舒伯特、沃尔夫的咏叹调和艺术歌曲》(*Mozart, Airs d'opéras et melodies. Bach, Brahms, Bruch, Haendel, Haydn, Schubert, Wolf, Airs et Lieder*)纸袋上的文章《自然的精灵》(*Le génie du naturel*)，百代唱片公司(E. M. I. , Pathé Marconi)。(安德烈·蒂伯夫[1930—　]，法国作家、哲学家和音乐评论家。——译注)

当她饰演帕米娜(Pamina①)一角,咏唱"我能感到它
(*Ach*, *ich fühl's*②)"时,她升高的歌声占据了整个肉体。而由
特蕾莎·斯蒂克-兰德尔(Teresa Stich-Randall③)演唱的同一
片断却只让人听到交替出现的说话和喊叫。仿佛语言无法再
表现爱情的焦虑和折磨,消失让位于心碎的刺耳尖声。听泽
弗里德的歌,她迸出的东西首先不是触及耳朵,而是整个身
体——它被传给它的震颤投注(investi)。她之所以不顾镜自
盼,是因为语词已经消失在它们所具有的清晰的东西或可使
它们获得对言语的某种理解的东西之中。只剩下对于这种人
类根本痛苦的叙述——这种痛苦与直接的本能是如此疏离,
因为它精致考究得无法被忍受。只剩下撕裂的声音。感受随
着语词消失了,因为没有人感受,没有人倾听,没有人观看,特
别是没有人充满绝望。这是被咏叹调本身放掉的声音。还剩
下急促的呼吸要被纳入音乐,融入被它打断、突出和加强的音
符序列。

---

① 帕米娜是莫扎特歌剧《魔笛》的女主角。——译注
② "我能感到它"是莫扎特歌剧《魔笛》中的咏叹调。——译注
③ 特蕾莎·斯蒂克-兰德尔(1927—2007),美国女高音歌唱家。——
译注

7. 自由的链接

假如遭受极端折磨，最后残存的一点人性都遭到践踏，没有人能知道自己会表现出什么样子。连不曾失足的人都会心存疑虑，怀疑自己是否确实经得起考验，怀疑自己可能已在什么地方受到诱惑。也许有英雄，但他不能肯定，更不能声称自己顶得住折磨。因此，他小心避免评判或谴责别人，也就是曾经叛变，如今仍然不得不逃避——因为无法再面对自己——的人。他尤其无法评判那些避开面对这类考验或从未参与这类事件的人。有一本书描述了后者的故事[1]，它羞愧地暗示难以启齿的事物，它也勇敢地思考人类的极限；它使我们得以把这些反差强烈的人物看作我们的自由在政治领域遇到的两种可能性。在政治领域中，人性面临被摧毁的危险，而人的本质，即维系人类共同体的链接也展露无遗。

---

① 马伦和玛赛洛·比尼亚尔（*Maren et Marcelo Viñar*，《流亡和折磨》（*Exil et torture*），德诺埃尔出版社（Denoël），"分析空间"（L'espace analytique）丛书，1989 年。（马伦和玛赛洛·比尼亚尔夫妇二人都是乌拉圭当代医学博士和心理分析师。——译注）

佩德罗（Pedro）和佩佩（Pepe）是两名曾受军事独裁统治酷刑折磨的乌拉圭反对派斗士。对于这种考验，他们的反应截然不同。第一个佩德罗通过身体感受恐惧后，只能忍受彼时仅有的人，即施刑者的存在，只能接受后者向他提供的畸形系统，以此生存下来。第二个佩佩却能避开这一不可避免的存在，抵制邪恶的言论，使遭受同一命运的朋友惊讶不已。

这本书讲述了这些有太多惨无人道经历的人的故事，它之所以如此重要，是因为向心理分析提出了一些问题。看过此书之后，我们无法再无视或装作不曾听到这些问题：心理分析是否能够既在理论上，又在实践中分析这类基本现象？如果不能，那么赋予它的又是什么样的任务？

要一下子拿出说法的话，心理分析文献可以对佩德罗的崩溃作出某些解释，但当被要求说明佩佩不得不创造的、不为施刑者提供任何支持的方法时，它就哑口无言了。这种说法可能看起来不可思议，我们不得不绕很大的圈子对它进行论证。

佩德罗已经被折磨垮了。身体对他而言成了一个恐惧的对象，他越来越受到施刑者的吸引——后者用力量和优雅的举止诱惑人。他原先缔造的理想世界逐渐被摧毁，他准备接纳将之摧毁的人的系统。弗洛伊德的理论能够对此作出解释。从出生开始，婴儿所处的依赖和无助的状态使他不得不将母亲当作全能的人，因而竭力寻求她的爱。最初的这一缺陷在每个人身上都留下了不可磨灭的印记，以后每当人类遭遇外来威胁时，它使他对能够施以援手的人寄予同样的期望，进行同样的价值夸大。当生命取决于帮助者的一念之仁时，抛弃和无助的情境不可避免地造成他的完全依赖。最初与母亲或任何母亲替代者的关系可被看作原初关系，它是所有关系的模型；它可被视为所有人际关系的原型。日后所有错综复杂的家庭、社会或政治关系都必须追溯到这个源头，它含有这一切关系的初胚。

当弗洛伊德关注集体组织时，他没有放弃这一指导思想——可以说这一基本信念。在《群体心理学与自我的分析》（*Psychologie des masses et analyse du moi*）中，他解释说：群体通过其成员的相互认同构成，而认同又凭借每个人对于自我理想——领袖即是其化身——的爱形成。大部分人都处于无助的状态，因此为了生存，他们都需要陷入对领袖的依赖中。毫无疑问，弗洛伊德认为这样就揭示了社会——所有社会——的本质。他不是甚至在 1933 年写信对爱因斯坦说："这是人类不平等——与生俱来、无法克服的不平等——的表现之一，它要把人类分成领袖和平民。后者构成了绝大多数；他们需要一个权威为他们做决定，并且几乎始终毫无保留地赞同这些决定①?"

弗洛伊德从未批判这种社会关系的概念,从未表示这种社会关系只是社会的诸多构成要素之一。他甚至求助于"两种类型的心理:群体中的个体心理和父亲、首领、领袖的心理……尼采仅仅期待未来出现的超人,他就在人类历史的开端。时至今日,群体中的个体还是需要这一幻觉:他们受到领袖平等和公正的爱。但是领袖本人不需要爱任何他人,他有权生就主宰者的性格:绝对自恋,充满自信,只靠自己②。"

弗洛伊德以其天才描述了真实的状况,这是毫无疑问的。确实很少有人喜欢责任,很少有人不是在行动中不断借助某种知识、道德、经济或政治权威保护自己。但这是否只是一个观察到的事实,只是对一项事实的描述——即使这一事实非常普遍?还是这个事实体现出一条普遍规则,它没有例外,除了幻觉以外?弗洛伊德的作品及其全体诠释者③都不容许对

① 《德文版全集》,前揭,16,第 24 页;《英译标准版全集》,前揭,22,第212 页。米凯尔・博尔奇-雅各布森在《交锋》(第 20 册,1989 年冬季刊,第 62页)中引用。他写道:"弗洛伊德一点都没有批判'群体心理学',反而确信从中发现了社会的本质。况且他也从来没有质疑过首领的绝对优越性。"

② 《德文版全集》,前揭,13,第 138 页;《英译标准版全集》,前揭,18,第 123 页。

③ 例如,欧仁・昂里凯(Eugène Enriquez),《从部落到国家:社会关系的心理分析评论》(*De la horde à l'État . Essai de psychanalyse du lien social*),伽利玛出版社,"了解无意识"(Connaissance de l'inconscient)丛书,1983 年。(欧仁・昂里凯[1931—   ],法国社会心理学研究先驱之一。——译注)

这种解释的整个价值有丝毫怀疑。

但如情况是这样的话,佩德罗的出路就被堵死了。这个星球上永远只有佩德罗或施刑者,因为后者只不过是凭一时喜好处置子民的首领或领袖的夸张讽刺版。人类永远只能非此即彼。弗洛伊德无意在他提出的两种心理之外增加第三种心理。在这种情况下,佩德罗什么也没有背叛。他唯一的错误乃是认为可能建立其他类型的社会政治结构,并采取了相应的行动。这就是他必须为认清现实付出如此高昂代价的原因。因此,弗洛伊德的理论是如此了解佩德罗的处境、无助和孤独无力,以至立即建议他放弃斗争,改换阵营。在这样的背景下,甚至无法想像人还能反抗暴君:如果不生就领袖的心理,那就始终得处于卑躬屈膝的平民之列。至于佩佩,这种理论就像折磨他的人一样对他无可奈何,只得任凭他妄想一个友好的社会,一辈子活在自己的幻想中。

有人可能会反对:在《图腾与禁忌》或《摩西与一神教》(*Moïse et le monothéisme*)中,弗洛伊德赋予社会另一种基础:弑父。但我们不是由此又回到了前文的思路上? 部落首领之所以被杀,是因为他享有所有的权力,是因为他不仅拥有所有的妇女,而且支配所有的臣民,是因为他只凭一时喜好行事,他的全能最终可被概括成生杀大权。在《群体心理学》中专断的纳西瑟斯和部落的父亲之间并无真正差别。而且正如埃利亚斯·卡内蒂在《群众与权力》(*Masse et puissance*)①中描述的,这个纳西瑟斯摆出幸存者的样子,因为那些生命受他支配的人以死亡来威胁他。纳西瑟斯之所以不放弃权力,或许是因为他一直恐惧自己遭到谋杀;对他而言,防止恐惧的唯一手段就是杀死他的臣民,因为他们全部、人人都只能是谋害他的潜在杀手。纳西瑟斯只爱自己,因而无法不憎恨、害怕和怀疑所有其他人,对他们抱有最大程度的恶意:他已然是偏执狂②。

与此一脉相承的是那种通向酷刑折磨,趋向通过广泛告密摧毁社会结构一切基本信义和信任的逻辑。即使权力不是被单个专制君主,而是被一个专制团体掌握,关键还是在于使整个社会感染恐惧的疫病,从而防止叛乱的威胁。所采用的办法也更加巧妙。领袖其实知道不宜总是制造烈士,最好的手段是直接挫伤人的尊严。当人因无法承受他人的目光而不能再面对自己时,当每个人的尊严不久之后都可能逐渐受到同样的伤害时,社会也就分崩离析,丧失其人性的意义;它仅仅是没有灵魂的木偶,仅仅是暗中操纵者的玩物。令人恐惧自己身体的折磨只是专断的纳西瑟斯、十足的偏执狂操纵的

---

① 伽利玛出版社,1981 年。

② 弗洛伊德确实解释说,互相残杀的兄弟最终联合起来组成一个杀戮不再重演的社会。但他从未说明这样一种转变是根据什么、通过何种力量发生的。

结果。

不过,弗洛伊德也不能被看成一位极权制的理论家。我们不能怀疑他企图为极权体制辩护,更不能认为他鼓励建立这样的体制。他只是认为人类这种绝对掌控或盲目服从的倾向是一种宿命。在《战争和死亡的思考》(*Propos sur la guerre et sur la mort*)中,他已经强调了一点:文化不能与导致人类相互厮杀的驱力抗衡。在 30 年代,面对独裁统治无法遏制的上升趋势,民主政体显得脆弱不堪、岌岌可危。它们大概只是一个业已终结的时代的残留物。弗洛伊德怀着悲伤和幻灭之情记录了这些看来无可避免的事实,竭力对之作出解释。

为什么不打开其他途径? 为什么不怀疑人类身上并非只有对自由和博爱的快乐追求,而是怀疑自由和博爱是否真的可能实现,即使二者始终处于不稳定的平衡状态? 有一点既不可思议又令人迷惑,那就是弗洛伊德——但又怎么会不是这样? ——按照同一角度看待个体心理与集体心理。只需参考继《群体心理学》之后的那本书,即《自我与本我》(*Le Moi et le ça*),就可以看出相同的论调。在回应心理分析没有研究"人类本性中较高级的、道德的、超个人的[①]"部分这一指责

---

① 《德文版全集》,前揭,13,第 264—265 页;《英译标准版全集》,前揭,19,第 35—37 页。

时,唯独只有自我理想或超我这一"做父亲渴望的替代形成"被提了出来。从这个父亲那里只能得到命令或禁律。这两种赋予群体理智的心理的分化如今存在于每个人的心中。领袖化身为道德意识,从此以后只管审查;群众则变成被罪疚感缠绕的自我。

这当然不免使弗洛伊德陷于困境,因为这样一种概念将与罪疚感相联的超我学说和分析治疗追求的目标之间的矛盾暴露在在最明亮的日光下。他在几页之后的一条注释中表明:要摆脱这一罪疚感,心理分析师必须"容许病人将他置于自我理想的位置上",即置于首领或领袖的位置上。但是,"因为分析的规则与对医生人格的这样一种运用完全相悖,所以必须老实承认:此处有一种妨碍分析效果的新障碍;分析的任务不是使病态反应无法产生,而是向病人的自我提供作出这样或那样决定的自由"。没法更好地突出分析疗法陷入的绝境。事实上病人怎么能获得选择的自由,如果他始终被罪疚感缠绕,而罪疚感又使他依赖自我理想?消除这种依赖是被禁止的,因为心理分析师不被允许取代自我理想。假如心理分析师有权利这么做,那么情况就更糟了:因为替代自我理想,这意味着训练病人成为心理分析师,就像训练群众成为领袖一样。选择的自由来自何处,弗洛伊德在此处没有说,而且据我所知,他也从未在其他地方讲过。此处强调的不是分析疗法的限度,而是这种理论根本没有能力理解获得自由的途径。这个问题关系到心理分析昭示的目标,但弗洛伊德的主张始终对它保持缄默。

对弗洛伊德著作这样的匆匆一瞥大概至少有这一好处:它表明个体心理与集体心理总是联系在一起。我们有时会认为自己能够满足于解决关乎人类心理的问题,而不必花心思考虑社会或政治模式。事实上,我们展示的关于个体的内容已经意味着——即使我们企图无视它——暗中参照某些社会或政治立场。《流亡和折磨》一书特别描述了佩德罗和佩佩的故事,它最大的价值之一就是提醒我们这一切,就是敢于直面作为这一个体和集体的结合基础的问题。

这二位政治斗士落入警察手中,后者具有娴熟的技巧,懂得如何破坏他们与内心的关系。由于不断遭受折磨——其中把人浸入恶臭冰冷的粪液这种刑罚似乎特别能引起对身体的恐惧——受刑的人经过一段长短不一的时间之后就会丧失所有现实的方向标,产生谵妄。不过令人惊讶的是:在第一个佩德罗的例子中,摧残导致放弃;而在第二个佩佩的例子中,结果却相反,随之产生的是更加强烈的抵抗。

到底发生了什么? 为什么两人有如此差别? 作者解释说,如果身体对佩德罗而言变成恐惧的对象,那么他在谵妄中就毫无办法重新获得某些可被作为支撑的东西。在他面前张开的深渊，或所有认可对象的丧失，这都为施刑者的存在和言论铺路，使后者非常自然地被囚犯接受。反之，在佩佩看来，这是"他常去的酒吧；老板像往常一样漫不经心地与他闲聊，给他端上冰镇啤酒；他对他们的谈话记忆犹新。后来，大概是几天之后，佩佩看到他的朋友和并肩作战的同志来了。他们和他逐个经受酷刑审讯。这种气氛是愉快的；痛苦消失了，这真的就是一场考试，仿佛在学校中①。"

佩佩和佩德罗一样不能掌握自己的身体，它作为固有的、记载个人经历的身体遭到了破坏。然而，构成其特质的东西又被纳入幻想之中。仿佛幻想通过熟悉的酒吧或朋友呈现身体蕴藏的全部记忆——它们通过某种死亡，迫不得已与身体分离。所有赋予这具作为人的身体生机的东西无法继续与之融合，因为它失去了人性，变成一个纯粹的植物神经系统；赋予这具人所特有的身体生机的东西离开了它，在幻想中找到藏身之所。极限体验为下列现象提供了一种实验证明：赋予身体生机的东西，即生命、灵魂或 *psychê*（三个词可被视为同义）——正如亚里士多德所言——既是身体的某种东西（*somatos dé ti* ②），又能够区别

---

① 《流亡和折磨》，《全集》，第 81—82 页。

② "因此，思想家理所当然地认为灵魂既不能没有身体，也不能是身体：因为它不是身体，而是身体的某种东西"，《论灵魂》，II，2，特里科（Tricot）法译本，弗汉出版社，1985 年，第 79 页。（特里科[1893—1963]，法国著名的亚里士多德著作译者。——译注）

于身体，甚或与之分离（如同此处）。因为重要的是保持身体的生命，哪怕恐惧把身体变成了废渣。极限体验可能为灵魂在真正死亡之际飞升的信念提供了某种依据。

但佩德罗为什么无法实现这一令人惊讶又有好处的分离？他之所以用施刑者的实际存在和谎言来填补由对自己身体的恐惧造成的虚空，是因为——我敢说——他没有真正地拥有过自己的身体。对这一悲剧人物的描述——作此描述并非偶然——难道不使人同意这样的解释："佩德罗进入了一所沸腾的、向科学和意识形态讨论开放的自由主义大学。就在这里，他天真烂漫的激情受到了政治的污染；就在这里，他能够感到的、对民族事务的原发性的爱被包装成了意识形态[①]"。一个天真的人、一个浪漫的人、一个意识形态化的人，他完全不同于在自己肉体中体验民族命运的人；他的斗争行为不是他与远近亲友的关系生命的自然延伸——使所有这些人彼此相联的是肉体、痛苦、记忆、叙述，总之是缔造一种文化的全部事物；这不是所谓文明人的文化，而是全部历史传奇、居所、熟悉的脸、习俗默契、玩笑话、动作，总之，是形成人类的人性、赋予人类生活乐趣和信念的结构。"正是通过同志在场的幻想，佩佩将自己裹在一种梦幻般的空间里，这一空间使他

---

① 《流亡和折磨》，《全集》，前揭，第39页。

能够打败整个施刑的机械装置①。"

这一场景值得珍视:佩佩将自己裹在同志在场的幻想中,这不像裹在一件衣服里,而像裹在一具身体内——借助身体(corps)一词模棱两可的词义,它可被称为社会身体(corps social)。可被打击或切割的不是被围裹在这个空间中的对象,而是作为"表现从最内在一直到社会主体各个层面的关系生命的表面"的身体。"这是一个影子,一种不需要被思考的存在……正是这具隐身体为思考、说话、行事作支撑,它存在于每个动作、每个眼神、面部表情和谈话的音乐性之中。在这个基地中,符号和镜映被铭记,主体被塑造成形;在这个基地中,某种伦理被建立,隐藏,违反②"。这个脱离生理身体的身体之所以变成幻想,是因为它在本质上已经是一个视觉、听觉、触觉、味觉、嗅觉图像的网络。感官在某一个体与地点、时间、人物相联的经历中成为什么,这与感官本身是密不可分的;当感官就像在睡眠中,或像在这种由折磨造成的极端分离状态中一样与外部现实切断联系时,人——因此是处于关系中的——的基本图像网络就被封在自己身上,并照这样显示出来。

---

① 《流亡和折磨》,《全集》,前揭,第 82 页。
② 同上。

幻想再现从前关系生命的特征，这一点很容易被人理解；但这样的幻想成为某种更加强烈的决心的条件，甚至源泉，这可能看起来不可思议。"解决之道产生于幻想中，而不是在有意识的主体作出的清醒选择中，仅仅这一发现就构成对心理分析思考的挑战①"。如果梦境和幻想确实只被认为属于过去，那就无法理解它们为何能够成为未来行动的原动力。因为幻想在此处不只是为了满足某种欲望，它创造的解决之道应该符合双重需要：尊重过去所有的链接和已经着手进行的行动的需要，尚未实现的政治抱负的需要。这一解决之道就是与同志一起经受刑讯。

这不是一个"有意识的主体作出的清醒选择"，但这依然是一个在完全自由状态下完成的行为。难道真正的决定不总是这样一种行为：它在当下，在个体于社会、经济和文化结构中所处的准确位置上创造最好的或最不坏的解决之道，使所有这些恒量尽可能和谐地组合起来？清醒和意识不过是次要的，而且说到底并非对这一行为必不可少的因素。个体的社会身体从属于集体的社会身体，这才是首要因素；决定所加强的——为了从源头上恢复它——正是这种从属性。不聆听自己的民族或文化（从前文的定义来说）声音的人永远得不到自

---

① 《流亡和折磨》，《全集》，前揭，第82页。

由:为了改变这一声音的音调,自由首先必须懂得它的所有细微之处;只有在肉体被它渗透时,才能做到这一点。一个仅仅根据已知参数,以明白的方式作出的决定,它在最好的情况下也像一名技术官僚的决定,后者的清醒头脑始终觉察不到难以估测的、构成关系生命的基础的东西。当某个生命作决定时,他受到来自这具身体的多种元素的支撑,而这具身体记录着个体所有的过去及其所有的无意识的梦,即所有的人际网络——而他不过是其中的一个环节。这并不是认为真正的决定没有能力回答为什么——这种为什么不是不完全或不公正的证明——的蒙昧主义的表现。决定首先被建立在一种"隐藏的维度①"上,它从这一维度中汲取力量和效能。比头脑清醒更加重要,对于佩佩所作的决定必不可少的是:决定是在尊重人类联系的多样性和复杂性的情况下作出的。

反之,可以设想佩德罗从未拥有过一具人性化的身体。图像、叙述、呼吸不曾给他的物理身体真正地留下烙印,从而把它变成社会身体。他不具备那些促使一名政治斗士完成本

---

① 这是爱德华·霍尔一本书的名称,该书论述"取决于文化的经验的结构。我们事实上依附于这种深刻、普遍、非语言化的经验,它被属于同一种文化的所有成员在不知不觉中分享和互相传递,它构成所有其它事件被定位的背景"。《隐藏的维度》(*La dimension cachée*),门槛出版社,"焦点"(Points)丛书,1978 年,第 8 页。

身是其肉体链接延伸的行为的东西。在政治上,佩德罗缺乏对这一隐藏的维度的从属性。对他而言,想必只存在清醒的选择,而其依据则是客观现实和从意识形态中肯定无疑地得出的结论。这些选择源自通过行动保持共同,因而不断改变共同存在的网络的需要,他没有怀疑过这会是什么。

正如一位目击者注意到的,佩德罗无法"摆脱死亡的恐惧"。这也就是说他没有能力接受死亡:"接受死亡就是承认现实的残酷,就是借助与所爱对象——它们超越我们消亡的边界——的相遇和融合抵制它,摆脱它[①]"。因此,只有首先在自己链接的人性中经历过生命,只有拥有记忆和图像——它们使即将永远消失的事物和人在场,使人们经历生命凭借的事物、随同和仰赖的人在场,使生命将要在其身上延续的人在场——人才能接受死亡。佩德罗在恐惧死亡之前,已经恐惧生命,恐惧人——对每个人而言,人不过是在一个超越他的整体中的一个位置、一个角色或一种职能。佩德罗没有能力承受分离和等待:它们违背对生命的信心,他"陷入了自身体验的直接性中",此时此地他需要一个物理存在。唯一可能得到的就是施刑者的物理存在。他只能把自己交给它。

为什么心理分析不能解释这些极端的情况?为什么它不

---

① 《隐秘的维度》,前揭,第53页。

向我们提供方法了解抵抗暴君的可能渠道？抑或——这是一回事——为什么它不可以告诉我们一个社会怎么样才能避免折磨者和受折磨者的必然分化——这不过是领袖和群众的分化的极端表现？即使提出某种政治理论——对这种理论而言，掌控和竞争的关系不是唯一的基础——不是它的分内之事，或许它至少也可向我们说明出现这种理论的心理条件。

如果重读《群体心理学与自我的分析》，我们将惊讶于贯穿整个文本的巧妙修辞。个体之间的关系存在——除了领袖的影响以外——多次被承认和肯定。但是接着，这些横向关系就失去了自己的内涵，被理解为领袖和群众之间的纵向关系。就这样，以这一压缩为代价，这部著作的中心论点得以维持。弗洛伊德当然不是不能看出和描述一个自给自足的社会文化结构的存在。举例而言，他已经在其关于"心理治疗①"的文章中指出情感过程和行为活动密不可分，以此解释集体模型和信仰的形成。所以毫无必要将首领的影响当作前提。因为个体的社会身体与其发出、接收的可被感知的表达密不可分，所以它已经预先是集体的社会身体。

这一双重的社会身体与"被爱的虚幻需要"毫无关联。它

① 《德文版全集》，前揭，5，第289—315页；《英译标准版全集》，前揭，7，第281—302页。《结果、观念、问题》法译本，法国大学出版社，1984年，第1—23页。

是肉体的延伸，是感情和生活方式的基础，是语言的音调，是土地的种子，是叙述或书籍无法磨灭的存在。波尔布特（Pol Pot①）或齐奥塞斯库（Ceaucescu②）的统治从来只以毁灭这具身体为目标。因为他们在它那里发觉了民族尊严的藏身之所，反抗上升的土壤，粉碎最卑劣行径的屏障。这一身体无法成为任何人的所有物，因为它是每个人找到一个位置的可能性。

这又是遵照什么样的规则？偏执狂的模式之所以有过并还在经历这样一种成功，是因为它声称基于这样一种显著事实：人人都根据自己的利益行事，因此只能被妒忌驱使；而且如果每个人的妒忌都受到限制，这只可能是被邻人的妒忌所限制。前文定义的社会身体可以承载与妒忌分离的利益。但只有在产生"公民友谊③"时，它才能继续存在。那么它如何继续存在，如果个体在身边找不到几个这样的人：他们能够相信他，使他扮演自己的角色，同时又能够使他遵从扮演这一角色的需求？社会身体的结构之所以不被撕裂，是因为存在无

---

① 波尔布特（1928—1998），柬埔寨红色高棉总书记。——译注
② 齐奥塞斯库（1918—1989），罗马尼亚政治家。——译注
③ 约翰·罗尔斯（John Rawls），《正义论》（*Théorie de la justice*），门槛出版社，1987年，第530和578页。（约翰·罗尔斯[1921—2002]，美国著名政治哲学家和伦理学家。——译注）

条件的链接。但这种无条件必须有这一前提:如果每个人都信赖密友,后者就要注意督促他将对自己能力的探索和表现坚持到底。此处的确涉及一种利益,但它只能在需要和能力的相互性中被维持。于是,透过差异的平等——而非掌控——就建立了①。

人们可能觉得惊讶:拉博埃西(La Boétie②)在《自愿奴役论》(Discours de la servitude volontaire③)中将友谊的力量作为独裁统治的唯一纠正之道提出④,仿佛这是一种效果相当有限的道德上的权宜之计。如果友谊是从自由生命的私人生活向更加公平的政治制度法则过渡的所在,这种观点就一点也不奇怪了。

---

① "我假定,导致我们妒忌的心理根源主要是我们对于自我价值缺乏自信,再加上一种无能为力感……反之,确信自己生活规划的价值和自己实现这种规划的能力的人,他不容易怨恨,不会小心翼翼地保护自己的幸运"。出处同上,第 577 页。(本注释的引文参考谢延光翻译的《正义论》[上海译文出版社,1991 年,第 9 章,第 81 节]译出。——译注)
② 拉博埃西(1530—1563),法国人文主义作家和诗人,蒙田的挚友。——译注
③ 帕约出版社,1978 年。
④ 关于亚里士多德著作中友谊的重要性,参阅皮埃尔·罗德里戈(Pierre Rodrigo)《心有灵犀:亚里士多德著作中理想友谊的敏感点》(Sunaisthanesthai. Le point sensible de l'amitié parfaite chez Aristote),见《哲学》(Philosophie),n°12,1986 年秋季刊。(皮埃尔·罗德里戈[1947—],法国哲学学者。——译注)

在友谊的利益之外，还有惊喜的需要。每个人不是都可能经历眼见生命呈现的狂喜？哪一位父亲或母亲抵挡得住孩子出生引起的震撼？当某种才智在儿童身上显露时，这对教育者是一样的；或者当某种自由最终涌现，将命运变成故事时，这对治疗师也是一样的。有一些人，他们的利益就是使自由人和创造者——而非歌功颂德的门徒——聚集在自己身边。支持高更的绘画志愿，一直被塞尚视为老师的毕沙罗（Pissaro①），这个为那么多天才当过助产士的人，他从来不愿为了理论分歧或志向冲突而断绝朋友情谊②。对于自命不凡，以为摆出绝望的姿势就能抬高自己的才子而言，这等小事大概会被看得毫无意义。他们忘了：从词源上讲，权威（autorité）又被发起人（auteur），即使人成长的人掌握。他们也不知道伟大的政治家乃是这样的人：他们首先遵从社会身体——他们是它合成的结果——的有效力量，借此为自己的民族作出决定，选择另一条道路，他们懂得在这些力量不再经过自己的时候抽身而退。

对于生命的呈现、创造才智的迸发和其他自由的显露的

---

① 毕沙罗（1830—1903），法国印象派画家。——译注

② 拉尔夫·希克思（Ralph Shikes）和保拉·哈珀（Paula Harper），《毕沙罗》，弗拉马里翁出版社，1981年。（拉尔夫·希克思[1912—1992]，美国出版人、编辑和艺术作家。保拉·哈珀[1930—2012]，美国艺术史学家、艺术批评家。——译注）

关注,也就是说对于激发力的兴趣,它难道不可最终被看作所有权力的动力和本质?如果一个国家的光荣史没有不时载入某个公平无私的傻子、某个极其喜爱和热切需要新维度的人物,那么这群随后占据宫邸、号称在此行使权力的鼠辈会变成什么?让·莫内(Jean Monnet①)——此公最近进了我们的先贤祠——曾经与这个世界最重要的人物关系非常密切,但是他的目标不是追逐名利,而是在被人更好地理解的利益的推动下打破不适于保护各国的壁垒。他已于一战期间负责军队物资供应,并扫除种种障碍,成功地克服了英法之间的对立。因为他毫无个人野心,因为他拥有许多朋友。在两次世界大战之间,在40年代以及后来的年代,他始终将自己的梦想与最明智的审慎态度结合起来;正因为如此,他才能通过大胆谋划把乍一看互不相关的力量联合起来。我们不能认为他不是一位伟大的政治家,也不能认为他企图使任何人屈从他本人,企图将某项铁的法令强加给妒忌者。伟大的美国记者詹姆斯·赖斯顿(James Reston②)——此公工作了50年,刚刚退

---

① 让·莫内,《回忆录》(*Mémoires*),法亚尔出版社,1976年。(让·莫内[1888—1979],法国政治经济学家、外交家,被视为欧洲统一的主要设计师和欧盟的奠基人之一。——译注)

② 《国际先驱论坛报》(*International Herald Tribune*),1989年11月7日。(詹姆斯·赖斯顿[1909—1995],美国著名记者。——译注)

休——最近肯定道:让·莫内是他所知道的最伟大的人。按照赖斯顿的看法,对让·莫内而言,进步源自竞争这一点不完全真确;进步也源自合作。我们用自我理想和罪疚感的相互作用来解释社会链接的心理分析图式不足以说明这样的事实。

确实不该将心理学与文化,或把伦理学和社会事务、政治混为一谈,但这些不同的领域是密不可分的。弗洛伊德的著作已经暗示什么样的相似之处深刻地影响着政治模式和心理模式,但他们不能确定二者之中是哪一个能够造就另一个。一切发生得就像某种模式在某个时刻降临到文化,即整个关系网络之中,就像它被每个人再现——每个人都按照自己在这种文化中的具体位置,根据自己发挥作用的理论或实践领域予以再现。从四面八方涌来的独裁政治崩塌的声音如今依然不绝于耳,它促使我们思考人际链接的其它形态,而不是认为从前的形态或许还将长期或永远运行。

《流亡和折磨》一书一直是我们的思考重点,它让人看到:佩佩之所以能够在偏执狂的系统中打开一个突破口,是因为他具有"社会身体"。他的心理从一开始就由友爱关系的结构构成——说实在话,二者并无区别。他之所以能够以幻想的形式获得这一被施刑者否定的友爱世界,排除万难显示自由,是因为这一友爱世界已经和预先扎根于基于"公民友谊",即基于尊重和公平的可行之道的政治抱负中。偏执狂的系统——他的迫害者——相当了解这一点，正因为如此，他们摧毁他的尊严，力图以此破坏他的社会身体。在这些恐惧人类生命的不同层面之间始终存在一种互动。在祖国遭受的风暴中，佩佩原本无法继续相信被强加给他的政治系统以外的另一系统，假如他不曾得益于与身边人的高品质关系。这种品质作为条件或起因，与佩佩本身的、决定其处世之道的社会身体本质相联。

现在大概可以根据前几章的内容迈出最后一步了。在《群体心理学》中，弗洛伊德先提到勒庞(Le Bon[①])，后采用他的结论[②]，不断肯定群体造成个体的退行：个体的理智能力受到抑制，而情感倾向、情绪冲动却达到最大强度。人变成野蛮人，变成一种动物。人就这样任自己陷入感染、模仿和暗示感受性中，总之，被催眠了。原本可以得出结论：我们从中掌握了描述人类如何沟通的宝贵特征。但事情完全不是这样。既然必须优先考虑群众和首领的纵向关系，既然横向关系被缩减为取消差异的认同作用，感情现象的增强将只作为人性堕

---

① 勒庞(1841—1931)，法国社会心理学家、社会学家、人类学家，以对群体心理的研究而闻名。——译注

② 《德文版全集》，前揭，13，第 88 页；《英译标准版全集》，前揭，18，第 82 页。

落的征象而遭到惋惜。

因此,正如在这种背景下昭示的,弗洛伊德不可避免地只研究催眠使人着迷的一面。对他而言,催眠师成为被催眠的人唯一的关注对象,他在后者身上引起一种完全依赖的状态,令后者麻痹,因为他拥有一种魔力[①]。但这样一种描绘体验的方式不过是伯恩海姆式催眠的夸张讽刺版。催眠状态确实必须以经历着迷阶段为前提,因为它是极端关注单一对象,无视该对象所在框架的结果——这导致理智能力的湮没。然而,如果描述停留在这一点上,就会把催眠的开端、获得催眠的必要条件——即它可被外界辨识的一面——和整个过程混淆起来。催眠的另一面——也是它的全部好处所在——恰好涉及情感活动、情绪、感受、印象、图像的增强,也就是所有构成个体独特性的特征的增强,因为个体由此被置于感染、互动,总之就是沟通的状态。在这种情况下,催眠师不可能剥夺被催眠的人的意愿,从而操控后者[②]。实际发生的情况恰恰相反。催眠越是深入,被催眠的人越能体验到自己的个性,越能以它抵抗一切不尊重它的改变。催眠师玩弄纳西瑟斯,随心所欲地操纵受其控制的人,这事有可能发生;因为被催眠的人本身的体验可

①　《德文版全集》,前揭,13,第 126—128 页和 140 页;《英译标准版全集》,前揭,18,第 114—117 页和 125 页。

②　同上,第 140 页;同上,第 125 页。

能——至少在一段时间内——被漠视。但有一点很清楚：这种催眠追求的目标——这正是独裁者力图做到的——乃是停止人的沟通，把一切都简化成恒同物，即死物。弗洛伊德会说：(简化成)已经和永远死亡的父亲①。事实上，催眠表现的是情感活动，即对沟通起决定作用的关系网络。

所以催眠有两种用途，它们源自催眠具有的两个方面或两个阶段：如果唯独强调第一阶段，即使人着迷的阶段，那么我们将遵循这一路线：从认同到服从领袖，因而变得需要诸如凯撒、华伦斯坦(Wallenstein②)、拿破仑③之类自恋的领导人。如果反过来强调催眠的第二阶段，即退行——也就是说为沟通作基础或框架的动物本能——的阶段，那么领导人将采取一种迥然不同的态度；对于我们的时代而言，让·莫内可被视为这种典范。

除了强制型领导人以外，还有本身是交流者的领导人。要联合各个民族——他们在别的情况下只关心自身利益——

①　参阅 1912 年 5 月 2 日致卡尔·亚伯拉罕(Karl Abraham)的信："您将父亲等同于死亡是对的，因为父亲是死物，而死亡本身——按照克莱保尔(Kleinpaul)的看法——也不过是死物。"(卡尔·亚伯拉罕[1877—1925]，德国心理分析学家和医生，心理分析的先驱之一。克莱保尔[1845—1918]，德国作家。——译注)

②　华伦斯坦(1583—1634)，波希米亚军事家和政治家。——译注

③　《德文版全集》，前揭，13，第 102 页；《英译标准版全集》，前揭，18，第 94 页。

的力量,他必须避开各国的敏感之处,消除彼此的猜疑。他知道,只有在大家共同感到危险的时候,才能使自己的声音最频繁地被人听到。让·莫内在《回忆录》中多次强调这一事实:"需要在整整四年间教会了我们团结的美德①"。但后来,战争结束后,这一问题就不可避免地出现了:"谁还能够以生存需要说明共同行动是正确的? 哪一位政治人物可能要求——即便是为了大家的利益——限制这一好不容易重新获得的绝对权力? 探究谁要为过去习惯的再现负责是徒劳之举:这是本性恢复了它被中断的进程。在欧洲人明白他们只能在联合和长期衰落之间作出抉择之前,还需要很多考验②"。合作必须以一种迫于生存需要的危机状态为前提。

在弗洛伊德描述的社会中,起主导作用的是一种截然不同的思路。既然自恋的首领是社会团结所必需的,那危险的因素就应该被忽略:之所以出现恐慌,是因为首领消失了③。随之而来的动荡只能导致群体解体。按照这种观点,既然检验事物实在性是理想自我的事④,那就丝毫不必考虑被一个

---

① 《全集》,前揭,第 97 页。

② 同上,第 101 页。

③ 《德文版全集》,前揭,13,第 106 页;《英译标准版全集》,前揭,18,第 97 页。

④ 同上,第 126 页;同上,第 114 页。

民族感受到的、可能使之溃败或混乱的客观情况。这些绝非偶然的情况原本可被当作合作的必要条件。弗洛伊德之所以忽视它们，是因为他一点都不想听到关于合作的内容。

如果强调对战胜危险不可或缺的横向人际关系，那就离弗洛伊德的学说更远了。几个国家之间的有效合作是无法成功的，如果一群学会一起工作、互不猜疑的朋友不能永久地克服对立——对立本身就会导致事业失败。还是让·莫内说了这样的话："友谊关系在我所致力的所有事业中都起着非常重要的作用。但它们不能解释一切，或者更确切地说，必须对它们作出解释。共同工作，为了同一目标而奋斗意味着相互的信任，而且巩固相互的信任。在我从来不缺的友谊中，我看到联合行动的结果，而非原因。原因首先是一种信任的关系。在对需要解决的问题达成共识的人之间，信任自然而然地形成。当问题对所有人都变得一样时，当解决问题对所有人都有同样的好处时，差异、怀疑就消失了，友谊往往随之而来[1]。"

因此，为行动而投向现实的注意和感情现象之间存在一种本质联系。因危险而不得不采取的共同行动推翻了自我或超我的防御——它们掩盖着个体或民族之间的联系，使之变

---

[1] 《回忆录》，《全集》，前揭，第 102 页。

得无效。正如在佩佩身上看到的,这些联系是个体和集体的社会身体的构成要素,只要它是某一个体或民族的肉体,是渗透它的实际文化,即形成它的情感链接的结构。共同行动正是在这具身体、这个肉体、这种文化、这个结构上得到支持,得以展开。要是没有它们,共同行动无法导向任何真正的团结,任何力量的联合。正如让·莫内所言,友谊由此而生,没有什么比这更自然的了。共同行动不是别的,只是内在友爱的外在、可见部分。简而言之,合作需要每个人在各自位置上的信用和效率,它本身就是友谊。

这与爱无关,甚至从目的上说爱还受到抑制;这是认同这些个体和集体的关系网络。如果认为个体首先被当作处于孤立状态,那么关于他们联合的问题就不可避免地产生[1],关于里比多联系的假设也具有十足的效力。然而,如果个体始终被视为某个关系结构中的组成部分,那么暗含这些关系的正是他的各种形态——生物、情感、理智——的生活。同样,罪疚感也不再被视作服从领导者的首要条件。每个人都将承担自己的责任,从而保持团体的团结。因此,自由不再被与他人的链接威胁、压缩或异化[2],因为将被视作典范的不再是纳西

---

[1] 《群体心理学》,第1章。

[2] 《德文版全集》,前揭,13,第104页;《英译标准版全集》,前揭,18,第95页。

瑟斯,而是交流者——团体中的每一位成员都能扮演这一角色。让·莫内不怪自己依赖那些阻扰其行动的障碍:"人和事物的阻抗与我们力图带来的改变的广泛程度相称。它甚至是我们正在向这一改变前进的最确定的信号①"。假如他是心理治疗师,或许会说:为了行动,他需要进入现有的关系结构,需要按照自己的个性成为集体的社会身体。可以这么说,他也必须被催眠,以使整个人都感受到如今构成他希望改变的社会的种种要素。于是,合作的意图可以作为竞争和爱恨的补充,或者可以——在最好的情况下——作为它们的平衡力量。

---

① 《回忆录》,《全集》,前揭,第80页。

8. 相互的改变

依照前文的推论，人类个体不过是由其同类、生物世界和无生命系统构成的网络的纵横线络交错点，构成其特征的是他在一个无限的关系系统中的特定位置。他声称希望摆脱的病态乃是这个系统赋予他的这一角色或他在这一系统中赋予自己的角色的病态。因此，治疗的目的只有一个，那就是进行关系的改变，以便在一个更加复杂、更加广阔的系统中创造一个新角色。这就引出了另一个先决条件：病人和医生的关系是一个实验室，准备接受实验的人的所有真实、潜在的关系都能够在其中呈现和转变。治疗的微观世界应当类似于生活的宏观世界。

有必要展开这些推论，先从最近的一个开始。弗洛伊德已经注意到——不过没有为此陷入困境——神经症通过分析变成了移情型神经症。这表明分析者在治疗的保护性隔离中再现其始终如一的、根据他人确定自己位置的特定方式。举例而言，面对喜好否定和被认为吓人的母亲，某女子只能靠受虐狂式的退缩——她刻意在这种状态下使自己脑中一片空白——继续生活。于是,分析师的克制或关注就被用来重新获得这种位置。如果分析师变得谨慎或沉默,这对她而言就成为一个再度短暂丧失意识的理由;如果分析师看起来听懂了,这又会被理解成一种更加极端的危险、一种用力破坏这个被遗弃的角落——它是一个极其弱小的存在的避难所——的手段。就这样,在每个人都被引导着不受拘束地呈现在自己的分析中,从童年开始体验的关系类型再度展现。

分析者从此便纠结于一种使治疗陷于困境的矛盾。他声称并真诚地肯定希望从症状——它表现他与他人、社会的链接方式——中摆脱出来,但治疗却为他提供放任这一关系症状的机会。从最初的面谈开始,我们几次三番——虽不说自始至终——觉察到分析者既想,同时又不想改变。这只是因为他从一开始就习惯于某种与他人、社会的关系模式,因为他无法设想自己怎么能被赋予另一种模式。他不愿继续痛苦,但是因为这种他所特有的痛苦是由他与身边的人在其童年时期建立的关系塑造出来的,所以为了不陷入最具杀伤力的孤独,他最终宁愿不放弃这一痛苦——在他看来,这是他眼下仅有的真正财富。

借助分析关系并在分析关系中呈现症状,这不是一个有意识的步骤。分析者不知道,也不愿知道自己在重新扮演熟记于心的角色。心理分析师也不必知道他被引导着扮演什么样的角色,他的脸套上了怎样的父亲、母亲、祖父、祖母或亲友的面具。病人不知道自己在重复,分析师从一开始就不知道自己在推动什么,这是治疗取得成功的必要条件。假如双方知道——不是一般而言,而是以某种独特的形式——这种关系就无法建立。这是业已遇到的悖论①:严格意义上的人的关系只能在我们与哺乳动物共同拥有的、先于语言和先于人类的关系的基础上发展。有一个不产生思考的领域是出现思考能力所必需的。

分析者如何形成这种重复?他唯有采用初生婴儿的办法②,也就是说通过一系列在不知不觉中产生,但仍表现出其需要和欲望的信号。心理分析师从本质上被置于接受状态,变成了吸收的表面。他受到所有这些基本现象的作用。他不

---

① 参阅第 5 章。

② "从出生的最初几周开始,婴儿调动四肢、脑袋、尤其是面孔配上眼睛、嘴唇和舌头,表现出一系列动作和表情;这是真正的祖语(protolangage),母亲能够理解它,而且随着婴儿教会她做养育者,她的回应也越来越适当……不过,这种二元关系中的主导角色看起来首先属于婴儿,他拥有一整套先天形成的表象,这容许他启动与母亲这一最初他者的沟通。就这样形成一种几乎融为一体的'社会联盟',它是今后将个体与'他者'——作为情人、配偶或导师角色的单个他者或是作为家庭、团队和所有他者意识形态表现(祖国、党派和宗教)的多个他者——联结起来的依恋原型。这种相互主观的沟通异常丰富,是人类的特长……不过,这类沟通也存在于动物之间;在动物中,只有一种'被观察到的主观性'是我们可以理解的,它使我们回归'生命现象',即这具被过度专注于处理信息的理论企图冒险忽视的身体"。让-第迪耶·万桑,《卡萨诺瓦:感染快乐》,《全集》,第88—89页。

只是倾听可被理解和解析的语言;他受到声调和节奏的支配,受到某具身体活动或僵硬的冲击,受到情绪的触动,甚至会受到气味的侵犯。正是通过这些被身体表达和首先在身体中被接收的信号,分析者将分析师置于其影响之下,为分析师指定一个他不得离开的位置,使他变成和始终充当自己习惯的客体。

分析文献极少探讨这种关系模式,因为它们只听明白的语言。然而,决定分析者和分析师各自位置的恰恰是这种关系模式。不仅在治疗开端如此,在整个治疗过程中亦然。这些先于人类和先于语言的位置一直为说出的语言充当背景,不断地转变它们的意义。长达数年的分析之所以没有引起任何改变——我们不得不承认这种情况并不少见——很可能是因为这一背景不曾被考虑,因为明白的语言只能使人喋喋不休或制造种种微妙复杂的东西,使得病人在生活中危险地丧失现实感。分析的关系缺乏土壤,也就是说不关注依据原初关系——它们决定后来所有的关系——留在身体上的烙印发出的信号。

有人会提出异议:分析中的话语与日常生活的话语毫无关联,因为正如弗洛伊德在定义自由联想时所希望的,它具有无意向性和无意愿的特征。那么就要思考下列问题:在什么样的条件下可能出现这样的话语——换而言之,人在什么样的状态下无意识地说话？难道他不是为此被拉回到一个先于人类和先于语言的阶段？之所以自由地联想，是因为离开了严格意义上的语言——它始终与意向性，因而与一或数种意义的指涉密不可分——领地。可以说，自由联想只有在催眠状态下才可能出现，而催眠状态恰好意味着抛开理智和意志，因而将意向性搁置一边。仅用无意向性和无意愿这样的否定词说明联想技术的特点，这是无视联想展开所需的根基。弗洛伊德清楚这一点，屡屡强调移情的动力、分析性话语消解（déparole）的条件只不过是催眠的动力。从积极的角度说，催眠是获得原初关系留在身体上的烙印的机会。

同时，除了催眠状态之外，分析师倾听所需的自由滑翔式注意还能以什么为前提？分析师之所以被引导着任凭自己的思绪飘移，既不力图系统地记录病人说出的语言，也不力求立即理解这些语言可能具有的意义，是因为他处于一种全面专注的状态，这种状态使他能够变得对所有与语言相联但不构成其明示内容的迹象敏感。他由此进入催眠状态。弗洛伊德有一次说起——作为解析的先决条件——从无意识到无意识的沟通，把它比作通过电话线传递的声波。用声波打比方，这难道不是通过隐喻暗示从某一个体流向另一个体——在他们对话的后面——的东西：作为语言基础，表明其真正意义的语调、节奏和身体颤动？这些都属于催眠状态下的感知。

可惜弗洛伊德这一评论只是顺笔带过,在分析文献中几乎找不到详细说明。大家不在自由联想和自由滑翔式注意的出现条件上花费更多的心思,结果就忘了关系的基础——这种关系从思维的角度来看并无媒介,但事实上它始终以在场的身体发出和接收的信号为媒介。于是下列情况不可避免地随之而来:语言被赋予过多的重要性——因为它与其土壤的联系被切断,意义在解析中被过度探究,因此话语消解的特定域被放弃。更为严重的是,承担生活的责任与理解的效果混为一谈。

如果分析中发生什么,这意味着分析者和分析师都处于一种具备催眠主要特征的状态。双方各自努力是不够的。重要的是他们的关系处于这一层面上,因为改变必须通过关系并在关系中产生。从刚才所说的内容可以看到:无论如何,分析者承担改变的责任,他在双方不知不觉中将分析师置于自己习惯的期望、诉苦和欲望客体的位置上。

现在应该发生什么才能让分析有进展?分析师应该觉察到自己被置于什么位置,如何被置于此处,可以按照什么进行置换。但他无需将这一切告诉分析者。在我们所说的督导中,分析师在讲述某个被他转给另一同行的个案之后,往往发觉形容正令分析者痛苦的关系的语词借他的口再度出现。当分析师发现这一点时,他本能地想方设法使人知道重复是如何产生,他企图——正像有人说的——分析移情。但这么做毫无益处。只需觉察分析者情不自禁地让分析师掉入的陷阱，分析师就足以摆脱它，分析者就足以知道它并改变自己的行为。接受培训的分析师能够看到这条出路，他们从督导之后的分析开始就惊讶不安，大呼中了魔法。这的确是魔法，如果所谓的魔法是指属于必然相互传递各自位置信号的身体的东西。正是因为分析师摆脱了被强加于他的、令他无法动弹的位置，所以他在不知不觉中宣告——远比说话更加肯定——分析者无法再将他固定在此处，或以更加微妙简易的方式宣告分析者曾经将他固定在某个位置上。中了魔法的怪圈由此被打破，国王又变得赤身裸体。

人们可以说，此处并未离开弗洛伊德的图式，幸亏有意识化，改变才可能实现。不过有一点除外：它不是分析者的意识化，而是分析师的意识化——这使我们偏离了常规看法。描述还应当精确一点。只有意识化是不够的。当了解经过让心理分析师动弹不得时，我们有时——还得趁着督导的机会——看得到这一点。在发生改变的情况下，我们看到意识化使心理分析师恢复了活动自由。他只是承认和承担自己扮演的角色。他觉察到自己是造成停滞的原因，并为此承担责任。他不是在被指定的位置上陷入被动，而是从此在这个位置上成为参与者。在曾经仅仅充当木偶的地方，他变成提线的那个人。这种从自动机械装置向生物的转变正是置换。

必须强调一点,假如分析师不让自己先被纳入分析者的网络,置换和相应的关系改变就不可能发生。任何时候都想保持自由、拒绝作分析者重复所需客体的人,他和力图达到目的却不经历过程的人差不多。更广义地说,因为可以认为长期分析容许人同时处于两个层面上,所以如果分析师或治疗师一开始不在病人所处的位置上切入关系,即他不是作为哺乳动物——人,而是按照以思考能力和意向性为媒介的方式接受病人,那么置换永远不会有效。如果宣称从一开始就处在严格意义上人的特性的陡坡上,我们就会越级前进,而被过早赋予的人性将永远不会成长。

病人——因为从此不能再称分析者,如果回忆和意识生成物仍然是分析的关键——没有意识到,这从前文提到的人类学角度来说不是问题。人的动物本能(或是黑格尔所说的感觉灵魂,或是可以只被称为对关系留下深刻印象的身体)有自己的生命,即便它始终与人类的另一部分相联——而且往往被后者覆盖。因此,在这个层面上,不通过意识进行改变是毫无困难的事。恰恰是在为可以变成意识的无意识部分之少而感到遗憾时,我们陷入了无法摆脱的困境。

确实完全有理由认为意识化并不为改变提供便利。因为投向它的注意削弱了行动的力量。我们有时感到惊讶,因为这有悖于弗洛伊德的学说,有悖于这一事实:分析者轻易地遗忘分析的关键时刻和导致他们改变的起因。但这并不难理解。如果试图改变在各方面决定意识的无意识系统，这不可能通过意识的效力实现。若是不借助遗忘进行巩固，某些人所说的修改（remaniement）岂能持久？压抑必须不仅被当作有待克服的障碍，而且被视为持久转变的保证。

所以，分析师的置换——它完全可被归结为承担当下的关系情境——已然是一种改变症状的方式。因为病人在不知不觉中接受了被改变的关系。关系的内容没有变化，这就是他没有断裂感的原因。倘若向他说明必须放弃诉苦、担起责任，他必然产生断裂感，必然感到不安。在这种情况下，他会问如何着手做这件见鬼的事，而分析师就很难回答了。反之，如果分析师只是承担自己经受的东西，那么绝不希望关系破裂的分析者也将被诱导着做相同的承担。因为分析师既卷入关系，又隔着一定距离，所以分析者不得不走向自由，即在建立关系的两个层面上保持关系。

被置于分析者影响之下的分析师所感到的不尊重转变成对自己的尊重。由于分析师后退，诉苦的分析者不再受到尊重，他若希望关系持续，此后也不得不尊重自己。因此，在人际关系中起主导作用的影响关系使人产生这样的看法：不存在对他人的尊重，只可能推动他人尊重自己，即推动他们恢复或发现自己的生命。生物一直都在为保护或在受威胁时重建自己的空间作斗争。

不过,最重要的是强调开始的主动权在病人手中。正是病人将他的关系症状施加于人,正是病人首先要求治疗师经受和适应它。正如婴儿教会母亲做养育者,病人也逐步告诉治疗师无法不通过——否则无法产生疗效——的途径。分析或治疗之所以失败——怎么能不承认这是经常发生的事——是因为心理分析师或心理治疗师没有能够接收和倾听分析者或病人发出的隐密讯息,不能取得由此产生的位置。究其原因,接收和倾听在此处不是属于理智和意志范畴的词,它们需要的是成为某个人的对话者(interlocuteur)——注意取该词最接近词源的意义——的机会。向每个病人开放改变的可能性,这意味着治疗师的人类动物本能能够适应已有的、一切形式的人类动物本能。每个治疗师——无论其关系领域多么广阔——仍然受到这样的限制:他从属于某个特定网络,因此他在不熟悉事物的压力下改变自己的能力是有限的。如果治疗师觉得能够接着泰伦提乌斯(Térence[①])说:“没有什么关于人的东西是我不懂的”,他很可能陷入狂妄自大之中。

从理论上讲,既然每个人的个性都通过自己的感觉灵魂、

---

① 泰伦提乌斯(公元前约 190—前 159),罗马共和国时期的剧作家。——译注

生物状态与整个世界缔结关系,治疗就不应该受到限制。但事实上,不仅某个特定的治疗师不能与所有人都建立关系,而且当他与某个特定的病人建立了关系时,改变的过程也必然因其经验有限或无法按照病人症状的需要拓展经验而受到压缩。这一切都是老生常谈,尤其对于那些多少对自己的成败做过思考的人来说。不过,这些明显的事实有时值得关注,它们蕴含着实践的新取向。

如果治疗师的个性是治疗的关键——因为关系正是据此被建立,继而又为了病人的改变而被改变——那么由此可见,治疗师应当找到自己的途径,应当首先摸索、跟随直觉、犯错、改正、尝试任何人都无法教给他的解决方法——总之深化和拓展自身的经验。曾经有人对我讲,一位接受培训的心理分析师得到一位权威人士的友情警示:如果他想获得资格,就不要向他的督导者透露在他负责的治疗中所采取的自主性行动,因为他在这一点上偏离了他希望加入的协会的通用规则。就这样,培训的结果变成压制甚或扼杀心理分析师本身的潜力。毋庸置疑,每个人类团体都为了发展壮大而采取这样的做法。但这至少证明他们没有在理论上接受这一点:就本质而言,治疗师本身的素质,尤其是他在每个治疗关系的特定情况下作用和反作用的自由乃是所有治疗的基础。否则,督导者就会极力鼓励心理分析或治疗的新手进行各种创造,哪怕要后者为工作殚精竭虑。

分析师提出的规则达到如此严厉的程度，以致那些知道它、使之成为信仰继而打算靠它生活的人不能容忍它被违犯。我有时会在分析者处于非常危险的时刻使用放松技术。毫无疑问，对于这个分析者，此种越出分析治疗界限的做法——不过是在一段非常有限的时间内——不仅产生了有益的效果，而且一度被当成避免出现最坏情况所必需的办法。但是后来，这种干预又被视为不能接受的手段，再也不能被重提。宁死也不求助于一种不曾被分析理论列出的方法——他们为这种理论献出了全部的信仰，而且它在法国始终是主流意识形态的一根支柱，甚至对于反对这种意识形态的人也是如此。借助某些技术只能是知识分子的附带行为。

　　根据前文，下列观点看来能够被人赞同：既然一切确实都取决于治疗师的经验和关系的可能性范围，学习技术①就应

---

　　① 此处无法详细罗列当前心理治疗所用的技术。关于出自米尔顿·艾瑞克森的方法，可以参考第二章提供的书目。关于参照系统模型的家庭疗法，参阅玛拉·赛文尼·帕拉佐莉（Mara Selvini Palazzoli）、斯岱凡诺·西里洛（Stefano Cirillo）、马修·赛文尼（Matteo Selvini）、安娜·玛丽亚·索伦蒂诺（Anna Maria Sorrentino）《家庭中的精神病游戏》（*Les jeux psychotiques dans la famille*），法国社会出版社，1990年。（玛拉·赛文尼·帕拉佐莉［1916—1999］，意大利精神科医生、家庭治疗“系统［米兰］团队模型”创始人之一。斯岱凡诺·西里洛［1947—　］，意大利家庭心理治疗师。马修·赛文尼［1954—　］，意大利精神科医生、家庭心理治疗师，玛拉·赛文尼·帕拉佐莉之子。安娜·玛丽亚·索伦蒂诺［1946—　］，意大利家庭心理治疗师。——译注）

该被当成一件脱离常规的事。除非反对意见能被改变，除非这样一种学习显得对扩展治疗师的经验和能力必不可少。

这首先在自由的名义下得到证实。接触其他方法，这体现出一种对在邻近发生的事物的微末兴趣。但对许多人而言，这种兴趣是不合时宜的。我在这个小小的心理分析界中炙手可热，如果大家知道我初步学得来自大西洋彼岸的适应尝试手段，我在业内的声誉会变成什么样？至于催眠，一旦有人说到它，我拔腿就跑，生怕朋友从远处看到我关注这样一个话题。简而言之，一个倾向于当前治疗技术的小疗法必然带来一些新气象。

它们首先就是这样得以被人认真对待的：犹如保持柔软度的体操运动，它们轻柔地医治我们在理论和实践上的紧张。它们确有办法以分析的方式呈现不同的关系过程——而我们活在其整体中。举例而言，它们容许人详细说明对症状或阻抗的形形色色反应，运用病人隐蔽资源的各种各样方法，某个联想结构的建构或重新建构等。所有这一切，治疗师肯定先在自己身上试验，以便学习。因为如果治疗师没有掌握这一切，在治疗中没有重新找到必须作为卷入关系前提的个人风格，那么技术将是没有效果的特技，将把病人简化成实验室的老鼠。

更加彻底地说，在治疗师的人格和技术学习之间之所以能够且必须存在一种紧密联系,其原因在于无意识过程的可辨性和这种可辨性的特定性质。只要确信无意识过程纯属内在,只能在失误言行中被发现,技术就必将局限于这样的发现;相反,如果认为没有什么内心活动不在外界显露,那么就必须学会相应的解读。但是因为这些过程通过微妙的媒介表现,所以它们的可辨性将受到具体条件的制约。要觉察脸部的变化、感受的转变、眼中忧郁的征兆、话中绝望的主导语气、微微颤动的手上焦虑的颜色,就必须变得对它们敏感。有人会反对:这和观察细胞或星辰的人并无不同,观察者的眼睛必须逐渐适应其客体。就学习"看"而言,他们确有共同之处。但是工程师和治疗师的差别在于:后者什么都觉察不到,如果他不让这张脸孔、这个眼神、这副嗓音、这种焦虑在自己身上震颤,也就是说他遵从的不仅是来自客体的光线作用,而且客体是对他整个身体的强制投注。

既然一切都经由在场的身体发生,那么就有从这个人传到那个人的信号,因而就有可见性以及——从某种意义上说——客观性。不过,这些信号不是像原子或星系产生的物质一样被抛向人群中任意的人。这些讯息仅仅对它们所指向的那个人来说是客观、可见和可辨的。它们不会在治疗师不在场的情况下被发出;抑或如果出现这样的情况,它们也将被发向障碍或症状源头的某个假想对话者。只要治疗师没有真正地置身于被病人指定的位置上，他就不是这些讯息的接收者，不能收到它们，因此这些讯息也就未被发送，是不存在的。所以，客观性只不过是唯我独专的主观性的另一面。除了几个词在此处多少被置换了这一点以外：无论在将主观性作为必除障碍的科学领域，还是在将主观性变成存在物基础的哲学领域，它们都丧失了能够具有的意义。

如果确认治疗师应该被触动、应该变得敏感、应该被投注、应该处于接收者的位置，这会不会导致承认治疗关系是在共情(empathie)的氛围中发展而来？一切都取决于"被赋予"这个词的意思。共情不能被视作感受、感应或反感，更不能被当成爱。治疗关系应该保持专业特点，因为这是治疗师从事的一项职业，即使这一职业极为特殊。哪怕冒着震动或伤害某些人的风险，也必须肯定一点：治疗师参加了一个游戏——就游戏一词最广泛的意义而言——一个由现实和人为设置共同构成的游戏。现实是指他完全听从病人的支配，他是"空的或中空的、可随意使用的、易受影响的、未占用的、有足够占用空间的"；设置表示他只在分析中如此，而且如果他把职业和生活混淆起来，那就倒霉了。现实就是设置，因为治疗师虚拟地把自己交由病人支配；但是反之，设置也是现实，因为病人实际上将治疗师变成了自己的一部分。受到设置保护的现实获得一种前所未有的关系强度；具备现实性的设置能够开辟新的道路,却不留下疤痕。

刚才引用的乃是路易·茹维(Louis Jouvet①)的话。他所定义的演员确实在好些方面完全可与治疗师相比拟。二者都不得不接受"强制的征用",以便取得"本能的、动物性的合作"。他们抛开所有的思维和思考,达到"自发、敏锐"的境界。他们处于一种"无意识的临床状态",即催眠状态,以至"在作出的表达和收到的印象之间"存在"同一性"。如果这种"无意识被接纳和保护、认可和运用",它就能成为"他的职业和人生最高、最大程度完善的源泉。演员等于人,人是什么,演员就是什么"。演员的也即治疗师的悖论乃是:他在哪里放弃"所有自我的介入",哪里就是他"达到最好或最高境界"②的地方。和演员一样不同寻常的是:治疗师有时会任凭自己被穿过,甚至冒着迷失自己的危险。这便是这项职业的状况。

不要误会,这一心理治疗关系的概念并不试图解答所有问题。它将关系作为治疗的关键所在和改变的唯一方法提出,只是力图把困难置于它所在的位置上,力图避免把它置于其它更容易让人以为了解我们在做什么的地方。它可以成为

① 路易·茹维(1887—1951),法国著名演员和导演。——译注
② 路易·茹维,《舞台上的见证》(Témoignages sur le théâtre),弗拉马里翁出版社,"美学"丛书(Bibliothèque d'esthétique),艺术家笔记,1987年,第9—15页。

万灵药,假如治疗师和病人将他们的关系网络扩展到人类、有生命的存在物和宇宙的极限。但因为这样的事不可能做到,所以必须只在有限、可能的网络中工作,所以必须承认:从本质上说,对于我们做的事,我们知道的仍然是极小部分。还是茹维为他的舞台说出了对我们工作亦有价值的话:"作者、观众的思想之所以是精确的、可以明确表达的,是因为剧作蹩脚、作者不高明。剧作越是水平高,它的思想就越是不容易表述。剧作越是优秀,它的思想表达就越是含混、隐晦"。无论如何,只有理解前文提出的心理治疗关系,才能略为了解关键事实,才能使这些事实得以存在,才能使人从中得出若干结论,从而改变。

我曾在两年多的时间内接待过一个人,此人的偏执狂倾向比他所说的更加严重。从他进入诊室开始到他离开之后,房间里始终弥漫着一股刺鼻的气味,连最好的除臭剂都很难把它消除。这种情境使我难受、恼火、疲惫。面对这样的状况,我一点都不可能作出反应、进行干预;一切都发生在我只能感受的层面上。他批评心理分析或嘲笑我能够写出来的东西,千方百计地伤害我。不过,因为分析理论的内容在我看来不容置疑,因为我写的东西从未使我觉得具有足以受到坚决捍卫的价值,所以他的这类言论没有触及任何能够威胁我耐心的底线。

当他用气味折磨我,到了用它包围我并夺走我摆脱它的所有能力的地步时,情况就不再是这样了。我琢磨这一现象,突然发现这股臭味在分析中具有关键作用。它使那人不仅能够攻击我,而且能够标明自己的领地。这正是野生动物的做法。狍子摩擦为自己地盘划定界限的树木,在上面留下自己的气味;另外一些动物跑到某些地方撒尿,以此宣告它们的入侵。这就是如人所说的气味—海关员法则。

这一行为对这位病人至关重要,因为它容许他通过观念、表象和文化以外的东西来建立自己的边界(这个偏执狂患者为没有边界感到痛苦,这就是为什么他需要敌人把它划出来)。事实上,观念、表象和文化可能使他再度加重症状,因为他不想知道任何关于自己动物本能的事,从而固守自己的理由。他的新边界由看不见的东西(偏执狂患者痴迷看得见的东西)、看不见却又可以感知的东西构成。气味是其身体的产物,使得他令与自己建立冲突性关系的人感到厌恶。此外,这种边界必须被划在我的领地中,因为照这样,他若是攻击我,我就无法以攻击性的反应击退他。我唯有移入自己的位置。

当我领悟到这种手段的用意并恢复冷静时——我在表面上并没用任何办法告诉他这一点——臭味就逐渐减淡,甚至消失了。我不知道心理分析学家怎么解释这种现象,但对于接受前述心理治疗关系理念的人来说,这不构成任何问题。关系的根基不在表象的层面上,而在身体能够产生的信号中。而且按照这样的观点,毫无必要用语词来表达有关这些信号的位置变化。收件方换了地址,发件方必然作出相应的更正。

退行到身体的最原始状态,这与精神病患者、寻求边界者的其它退行相呼应,向我们展现他们在心理治疗过程中用来建构或重新建构的关系网络的广泛程度。他们可以说从未被人的关系接纳过。他们属于人类,但掌握的却是非人性的东西:非人性的吸收和拒绝。他们不能与周围的人相认同,否则会死;而且为了防御他们这一非人性的组成部分,他们不得不藏身于动物、植物和无机物的比人低级的或尚未成人的东西(但却是人性的条件)之中。坚硬如石的身体既感受不到痛苦,也享受不到快乐,因为所有的痛苦对于已被压缩到客体状态的东西来说都是禁止的,所有的快乐都与被抽去内在的个体无缘。植物是不能移动的,因为它不可能脱离所在之地,它必须固定在那里,不能经历对它可能是致命的分离。动物顺服到畏惧的地步,因为它被驯化了;抑或它有时是危险的,虽然没有意识到自己经受了什么、在对什么进行报复,但是它必然要重复同一令人厌烦或恐怖的瞬间。

因此,他们必须能够重新体验这一使他们得以生存的非人性部分。治疗师已经在这些对他们生存必不可少的状态中——他们在其中以自己的疯狂防御所有人性被掏空的关系——将他们当作人。之所以改变倾听者,是因为他们是一段被遗忘的历史的见证者——为了有机会做人,每个人都不得不重新承担这段历史的责任。我们的过去并非只有与人相联的事件。认为我们的童年仅仅由对父亲的恨和对母亲——当然还有乳母——的爱(抑或相反)组成,这是一种极为肤浅的想法。这个小女孩需要玩偶,还要长毛绒的动物,她甚至做过一只猫。另一个小女孩坐到阳光拂过的石头上,以便在寒冷的房子里让自己暖和起来。儿童之所以——甚至在城市里——如此渴望亲近动物,也许是因为需要它们来驯服自己的动物本能。那个遭到父母恫吓的小男孩躲入一片树丛,借此恢复勇气。假如他只是借助混凝土栅栏藏身,他的生命可能就不一样了。所以,人类假设的先于人类的领域是我们过去的组成部分,无需借助系谱学证明这一点真实,也不必依靠符号学避免无所不在的语言出现纰漏。我们做过这块岩石、这棵树和这只狗,这给我们机会继续做人。

为了重温过去、创造未来,为了实现存在物和物体形态的循环,为了体味细微难察的事情,治疗师必须在病人之前或借助病人,以这样或那样的方式由这一切变成一个共鸣区,必须像游客一样具有游览这些地方的,抑或像演员一样具有"接受这种非己所有的感受"的自由、兴趣或激情。总而言之,他必

244

须是 *métaphorique*①，是传递体、转换器、报告人，是已经在自己身上进行集中和交换的人。

这是理想的任务？非也。相反，这是现实的任务，因为它必须始终遵从关系的当下状态。治疗师往往是滞后的，还在治疗中相信一个已经不再相干的过去，或是超前的，急不可耐地想要彻底改变。他不能坚持天天面对冲突和隔离。无时无刻不精准地紧跟可能，这样的工作需要持续不断地创造。他永远不知道自己是接近成功还是濒临失败；因为好转的时刻也是最危险的时刻；因为扩展关系网络是一种始终不易承受的暴力手段；因为自由是最令人畏惧的好处。

我们从什么地方开始，就在什么地方结束。为此，需要提到一项北美治疗师惯用的技术。这种运用催眠状态及其所能提供的信号的办法确使我们想起苏美尔人的占测。今人像数千年前的人一样琢磨使自己被准许进入未来的手段。这些手段在今天依然如故：要么是直接回答问题的神灵启示，要么是从前对被献祭人畜的骸骨或内脏、如今对身体自发动作的合理解读。

在分析中，看来只需跟随迂回曲折的自由联想和解析可

① 作者在此处一语双关，既用"*métaphorique*"的希腊语义表示"传递的"，又用其法语语义表示"隐喻的"，参阅第 184 页注释 1。——译注

能产生的效果就行了。在心理治疗，尤其催眠治疗中，与病人的对话是持续不断的。重要的是时刻明确病人的情境，明确的依据则是病人试图改变的东西、不得不接受的相应过程、在此过程中遇到的障碍、逐渐容许人走得更远而不是冲破障碍的迂回之道。例如有一个年轻人因工作不成功而忧虑到全面抑制的程度。治疗师问他是否想看到忧虑离他而去，他回答自己正是为此而来，因为他很痛苦、濒临崩溃。但在催眠状态下，治疗师注意到这种极端的忧虑正是此人无法舍弃的生存能量。一个以忧虑为能量的人能有几岁？答案很清楚：这是一个需要保护的孩子。他能不能保护自己？不能，因为他的童年过于痛苦，他需要留在这个阶段直到痛苦减轻。对话就这样展开了，从痛苦情境的整体描述转入越来越具体的情况，后者就是可以安放改变杠杆的地方。这种推进的方法意味着相信一种变相的迦勒底式神示：在催眠状态下，说话的不再是有意识的个体，而是某个星辰，某位神灵，某个来自别处、来自——某些人会说——其无意识深处、来自——另一些人会说——其感觉灵魂——或更加简单——来自从其出生开始记录印象的身体的人。

这是我们时代重新激发对"神示预测"兴趣的方式。但这也可能使"推断预测"重新流行起来。刚才举出的对话类型有时确会引起身体的自发动作。举例而言，在谈到保护的时候，强直的右臂被举起并放到——手掌张开着——脖子上。这已经表明自我保护被启动了。根据这类观察，有人萌生用这类自发动作引导治疗的念头。譬如这位治疗师的提议：在催眠状态下，某一个手指可以表示肯定的回答，另一个表示否定的回答，而第三个则表示没有回答。他在每一个案中都期待某个指头自发活动，作为某种回答的载体表明自己的意义。随后，因为以这种方式确立代码，所以问题能够被提出来，使人了解被打开的途径和相反的、被禁止的或难以实行的手段。

这类方法对我们的思维习惯来说是不可思议的，即使它的应用——也并非总能实现——已经屡次被证明有效。这看起来就像在研究纸牌或星辰。然而，我们离纸牌占卜①或占星术差十万八千里，因为研究的对象乃是身体。正是身体，从童年开始通过各种体验记录如今决定个体全部生存的印象。它知道——远比清晰的意识更加肯定——什么适合它，什么使它恐惧，什么是它必须避开的，什么是它能够着手做的。身体是所有网络的浓缩体，具有权威性。它不再是星辰、神明或

---

① 不过，不该因为不了解就迫不及待地批评纸牌占卜。纸牌可以充当真正治疗的媒介，这一点已被证明。参阅乔赛·贡特拉(Josée Contreras)和让娜·法弗雷-萨阿达(Jeanne Favret-Saada)，《啊！阴险的女人、卑鄙的邻居……》(Ah! La feline, la sale voisine ...)，见《田野工作》(Terrain，欧洲人种学期刊)，1990年3月14日，第20—31页。(乔赛·贡特拉，法国当代心理分析师。让娜·法弗雷-萨阿达[1934—　]，法国人种学家。——译注)

圣灵,而是存在于被它经受并由它作出反应的东西中的宇宙。自由,或者——说得有分寸一点——自由意志、人的选择在此处被准确地定位:不做可能与我们所从属的亚网络相悖的事。

为什么通过自发动作提供的回答是这样的? 这个问题需要思考推断的理智与生物缔结了怎样的关系,二者的关系可有几种表现。在学习的状态中,动作断断续续,缺乏流畅性和柔软性;这是因为做好的意识和意志介入过多,阻碍了自发性。学习结束后,关注消失了,动作不再生硬,个体的这一部分避开了意识,因而从广义上说处于催眠状态中。于是,和周围人的沟通就在人类动物本能的层面上展开:活动的无限复杂性受到尊重,动作开始显得连贯。在这两种可能之外,还可以加上第三种可能。当推断的理智想要观察这一催眠状态,使他说出自己身上体验到什么时,他只能用提问者的措辞,即按照推断所特有的不连贯回答。就像经常看到的那样,决定回答形式的正是被治疗师施加的关系形式:如果关系形式是推断性的、简化到是或否的程度,那么回答将不连续,即如机械活动一般。对于在各种元素并未相互融合的前提下研究生命的人来说,自动机械装置是生命能够向他呈现的唯一面目。

大概正因为如此,在催眠实现感觉丧失,也就是说使得感受性、流动、痛苦不复存在,总之生命停止之时,西方的科学或技术理念很容易认可它。今天，某种生物学①可能无视这种怀疑，通过这种生物学，科学可能不再惧怕催眠的另一面，即过于敏锐的感受——它使人通过被时空施加的形式以外的形式进行沟通。假如生物作为生物永远无法被学者或哲学家②理解，那就肯定要把期望寄予诗人了。

　　① 让-第迪耶·万桑，《卡萨诺瓦》，《全集》，第161—162页，希望将神秘学作为"传统"科学重新肯定："换而言之，这些科学根本不是来自混乱的无意识的隐秘深处，它们是真正的'想象逻辑'的表现。"

　　② 迪第耶·弗朗克（Didier Franck），《存在物与生物》（L'être et le vivant），见《哲学》，n° 16，1987 年秋季刊，第 73—92 页。（迪第耶·弗朗克［1947—　　］，法国哲学家，擅长德国当代哲学史研究，创建《哲学》期刊。——译注）

"轻与重"文丛（已出）

图书在版编目(CIP)数据

什么是影响：一位法国催眠师的疗愈论/（法）鲁斯唐(Roustang,F.)
著；陈卉译.
--上海：华东师范大学出版社，2016.8
("轻与重"文丛)
ISBN 978-7-5675-5002-5

Ⅰ.①什… Ⅱ.①鲁…②陈… Ⅲ.①催眠术—研究
Ⅳ.①B841.4

中国版本图书馆 CIP 数据核字(2016)第 069754 号

华东师范大学出版社六点分社

企划人　倪为国

轻与重文丛

什么是影响

一位法国催眠师的疗愈论

主　　编　姜丹丹　何乏笔
著　者　（法）弗朗索瓦·鲁斯唐
译　者　陈卉
责任编辑　王莹兮
封面设计　姚荣

出版发行　华东师范大学出版社
社　　址　上海市中山北路 3663 号　邮编　200062
网　　址　www.ecnupress.com.cn
电　　话　021-60821666　行政传真　021-62572105
客服电话　021-62865537
门市(邮购)电话　021-62869887
地　　址　上海市中山北路 3663 号华东师范大学校内先锋路口
网　　店　http://hdsdcbs.tmall.com

印 刷 者　上海中华商务联合印刷有限公司
开　　本　787×1092　1/32
印　　张　8.25
字　　数　100 千字
版　　次　2016 年 8 月第 1 版
印　　次　2016 年 8 月第 1 次
书　　号　ISBN 978-7-5675-5002-5/B·1009
定　　价　45.00 元

出 版 人　王焰

(如发现本版图书有印订质量问题,请寄回本社客服中心调换或电话 021-62865537 联系)